CULTURE RAISONNÉE

FACILE ET ÉCONOMIQUE

DES

MOUCHES A MIEL

PAR

M. DE LASALLE

ATTRAIT ET PROFIT

CHEZ L'AUTEUR, RUE JOYEUSE, N° 5

A BOURGES

CULTURE RAISONNÉE

FACILE ET ÉCONOMIQUE

DES

MOUCHES A MIEL

AVANT-PROPOS

Lorsqu'on observe de près les abeilles, à mesure que l'on s'instruit davantage de leurs mœurs et des secrets de leur manière de vivre, on se sent de plus en plus pénétré d'une profonde admiration en constatant à quel degré un chétif insecte réunit les qualités qui font de lui non-seulement un animal domestique précieux, mais eucore le parfait modèle des principales vertus les plus utiles à l'humanité, savoir : l'union, la prévoyance, le travail, l'activité, l'économie, le dévouement, etc. L'étude des abeilles est donc essentiellement moralisatrice, et, pour ce motif déjà, l'extension de la culture des mouches à miel partout où elle est possible, et la vulgarisation des connaissances qu'elle exige pour être avantageuse, sont éminemment désirables.

D'autre part, l'apiculture est, de tous les arts agricoles, le plus propre à améliorer dans une certaine mesure le bien-être de beaucoup de personnes peu favorisées de la fortune, parce qu'elle se prête plus aisément et à moindres frais qu'aucun autre à une pratique productive, et qu'elle est toujours largement rémunératrice, lors même qu'on l'exerce sur une très-petite échelle, ne fût-ce que sur deux ou trois ruchées ; de plus, elle offre à l'homme d'études une recréation des plus attrayantes, où le corps trouve un salutaire exercice, et l'esprit un repos accompagné de douces et quelquefois de bien vives jouissances.

Telles sont les considérations qui m'ont frappé dès les premières années de ce que j'appellerai ma carrière apicole, et qui ont fini par prendre à mes yeux une telle importance que j'ai dû me déterminer à mettre au service de tout le monde ma longue expérience des abeilles en écrivant, dans un but d'une incontestable utilité, le *Manuel d'apiculture* que je présente au public.

DE LASALLE.

PRÉFACE

Ce livre, où sont indiqués les moyens de voir
de près les abeilles, de les étudier, de les soigner
et de pratiquer sur les ruches toutes les opérations possibles, sans difficulté, sans gêne ni
fatigue, et, rigoureusement, sans courir le risque
de recevoir une seule piqûre, a pour but de vulgariser la connaissance des mœurs si remarquables de ces utiles insectes, et des procédés
propres à tirer de leur culture un notable profit,
tout en n'y consacrant de temps en temps que de
courts moments de loisir.

Il a été écrit surtout en faveur des personnes
qui, comme un grand nombre de curés et d'ins-
tituteurs, beaucoup d'employés des canaux et des
chemins de fer, de cultivateurs, d'ouvriers, de
journaliers, etc., pourraient aisément, sans rien
négliger de leurs travaux habituels, augmenter
sensiblement leurs ressources en y adjoignant le
revenu d'un petit rucher, lequel, bien conduit,
peut rapporter chaque année de cinquante à cent
pour cent de sa valeur à son propriétaire.

Il s'adresse, toutefois, en même temps, à l'u-
niversalité des lecteurs, y compris les dames et
les jeunes personnes elle-mêmes, car, tout ce qui

concerne les abeilles ayant à juste titre le privi-
lége d'exciter à un haut degré la curiosité et l'admiration, l'étude des faits et des méthodes, bien
qu'exposés simplement comme ils le sont dans
ce petit traité, qu'il serait bon de mettre entre les
mains des enfants de toutes les écoles, ne saurait
manquer d'être, pour toute personne capable
d'observer et de réfléchir, aussi intéressante
qu'instructive. — L'auteur, qui a étudié les
abeilles avec une véritable passion, à peine
refroidie aujourd'hui après vingt ans de pratique continue, a lui-même lu avec un avide
empressement bien des écrits sur l'apiculture;
il considère comme un devoir de justice et
de reconnaissance de signaler ici les publi-
cations de l'abbé Collin et de M. Hamet, ses
premiers guides, comme étant ceux de ces
écrits où il a trouvé le plus et le mieux à
apprendre.

Dans l'intention d'abréger ce volume, afin d'en
rendre l'acquisition plus facile, et de le faire pénétrer, s'il se peut, jusque dans les bibliothèques
populaires et scolaires, l'auteur s'est abstenu d'y
entrer, relativement à l'anatomie et à la physio-
logie de l'abeille, dans beaucoup de détails minutieux, souvent hypothétiques, inutiles d'ailleurs
pour la pratique rationnelle et productive de

l'art apicole ; mais il y a renfermé *toutes les connaissances théoriques* nécessaires pour la culture raisonnée des mouches à miel, *l'explication de toutes les méthodes économiques,* même les plus nouvelles, qui ont été sanctionnées par l'expérience, *et la description exacte de toutes les opérations pratiques* que l'apiculteur peut être conduit à exécuter : sous ce triple rapport, l'ouvrage est au courant des plus récentes notions certaines qui soient acquises sur les abeilles.

Puisse cet opuscule contribuer pour une grande part à répandre le goût de l'apiculture, cet art charmant, dans l'exercice duquel l'initié trouve des satisfactions de toute nature, et dont l'extension procurerait au pays tout entier des avantages généraux considérables !

SOMMAIRE DES CHAPITRES

CHAPITRE I

INTRODUCTION

CHAPITRE II

HISTOIRE NATURELLE DES ABEILLES

CHAPITRE III

ESSAIMS NATURELS

CHAPITRE IV

ESSAIMS ARTIFICIELS

CHAPITRE V

RÉCOLTE DES RUCHES

CHAPITRE VI

PRÉPARATION DES PRODUITS

CHAPITRE VII

TRAVAUX APICOLES DE L'ANNÉE

CHAPITRE VIII

MALADIES ET ENNEMIS DES ABEILLES

CHAPITRE IX

CONCLUSION

CHAPITRE PREMIER

INTRODUCTION

1. Les abeilles. — Les abeilles, *apis mellifica*, sont les insectes qui nous procurent le miel et la cire. Elles sont classées par les naturalistes dans l'ordre des *hyménoptères* ou *mouches à quatre ailes*, section des *porte-aiguillon*.

2. Apiculture. — L'art de cultiver les abeilles se nomme *Apiculture*.

3. Abeille italienne, carniolienne. — Nous ne possédons, dans la plus grande partie de l'Europe, qu'une seule espèce d'abeille, l'*abeille commune*, qui est brune. L'*abeille italienne*, qui diffère de la nôtre par la coloration jaune de la partie dorsale des premiers anneaux de son abdomen, et dont on rencontre, depuis une vingtaine d'années, des spécimens en France chez quelques amateurs, est une simple variété de l'abeille commune. Nous ignorons s'il en est de même de l'*abeille carniolienne* dont les curieux commencent à s'occuper aussi depuis quelque temps.

4. Familles ou colonies d'abeilles. — Les abeilles vivent réunies en familles ou *colonies*, formées de plusieurs milliers d'individus. Il règne entre les abeilles d'une même colonie une entente parfaite et elles savent se reconnaître mutuellement ; mais elles n'accueillent pas d'étrangères dans leur demeure : toute abeille qui pénètre dans une colonie qui n'est pas la sienne est aussitôt saisie et mise à mort si elle ne parvient à s'échapper par une prompte fuite, sauf dans certains cas spéciaux que nous ferons connaître.

5. Ruches, ruchée, rucher ou apier. — On nomme *ruches* les habitations qu'on donne aux colonies d'abeilles ; *ruchée*, l'ensemble de la ruche et des abeilles qui l'habitent ; *rucher* ou *apier*, le lieu où l'on établit les ruches.

6. Forme générale, capacité des ruches. Plateau. — La ruche a le plus souvent la forme générale d'une cloche. Elle est posée sur un *plateau*, ordinairement en bois, qu'on nomme aussi *ablette* ou *tablier*, et présente à sa partie inférieure

une ouverture de quelques centimètres carrés
pour l'entrée et la sortie des abeilles. Sa capacité varie de vingt-cinq à quarante litres ; il en
est toutefois dont la grandeur est au-dessus ou
au-dessous de ces limites.

7. Matière des ruches. — La plupart des
ruches sont faites en vannerie ou en cordons de
paille cousus entre eux, et alors on leur donne
souvent le nom de *paniers*. On en construit aussi
en menuiserie. On les revêt de surtouts de paille
pour les garantir de la pluie ou de la neige ainsi
que des changements brusques ou excessifs de
température.

DE LA PIQURE DES ABEILLES

8. De la crainte des piqûres. — Quoique
l'étude des mœurs des abeilles soit singulièrement intéressante et que leur culture soit d'un
grand profit, le nombre des personnes qui s'occupent de ces insectes est relativement assez res-
treint. Cet état de choses est évidemment dû
principalement à la crainte, instinctive ou acquise,
qu'inspire la piqûre de l'abeille. On doit vaincre
cette crainte, qui est très-raisonnable en principe,
mais qui est la plupart du temps fort exagérée.

9. Piqûre, venin de l'abeille. — L'abeille

porte un aiguillon caché intérieurement à l'extrémité postérieure de son abdomen. Cet aiguillon est creusé d'un canal qui communique à une
vésicule remplie de venin, renfermée dans le corps
de l'insecte, et ce venin subtil, en coulant dans
la piqûre faite par l'aiguillon, détermine instantanément une douleur très-vive et, à la suite,
un gonflement plus ou moins étendu, plus ou
moins douloureux et plus ou moins lent à disparaître.

Presque toujours l'aiguillon, se détachant du
corps de l'abeille, reste implanté dans la piqûre,
accompagné de la vésicule à venin, qu'il a en-
traînée avec lui ; et on peut le voir accomplir,
pendant quelques instants encore après qu'il est
séparé de l'abeille, des mouvements assez vifs
par lesquel il tend à introduire dans la
blessure une plus grande quantité du liquide
empoisonné. L'abeille qui a perdu son aiguillon,
auquel reste aussi adhérente une portion de l'intestin de l'insecte, ne tarde pas à périr.

10. Énergie du venin de l'abeille. — Lorsqu'on tient une abeille par les ailes de manière à
n'en être point piqué, souvent elle darde son aiguillon, et à l'extrémité de l'aiguillon se montre une
toute petite gouttelette de venin, d'une limpidité
extrême. Cette gouttelette, dont le diamètre est au

plus d'un dixième de millimètre, étant recueillie
sur l'ongle, par exemple, et mise en contact avec
la langue, suffit pour causer dans toute la bouche
une sensation brûlante d'une intensité surpre-
nante eu égard à la petite quantité de la substance
vénéneuse, et qui dure plus d'une heure ; d'où il
faut conclure que ce liquide a une activité très-
énergique.

11. Remèdes conseillés contre les piqûres. —
Dès que la piqûre s'est produite, il convient d'enlever au plus tôt l'aiguillon, en prenant soin de
ne pas presser la vésicule à venin. On frotte ensuite la blessure avec un peu d'alcali volatil très-
étendu ou mieux avec de la chaux en poudre,
pour neutraliser le venin, qui est de nature acide,
ou bien avec de la terre sèche pulvérisée, pour
l'absorber en partie. Quelques personnes conseil-
lent de frictionner l'endroit piqué avec des feuilles
de persil, de thym ou de poireau écrasées entre
les doigts, ou avec de l'huile, du miel, etc., ou
simplement avec de la salive. Une forte succion
exercée sur la piqûre, lorsque la chose est possible, empêche l'inflammation. Enfin le contact
prolongé de l'eau froide diminue assez promptement la douleur et l'enflure. Il importe de ne pas
négliger l'emploi de ceux de ces moyens qu'on a
à sa disposition, si la personne piquée l'est pour

la première fois et si elle est très-sensible, et
même d'appeler un médecin, s'il s'agit d'un en-
fant ou si les piqûres sont nombreuses.

**12. Des accidents graves causés par les
abeilles.** — La piqûre d'une seule abeille fait
éprouver instantanément, avons-nous dit, une
très-vive douleur et donne lieu à une enflure qui
peut durer plusieurs jours. Plusieurs piqûres
peuvent causer de la fièvre. Enfin, un grand nombre
de piqûres a eu parfois, dit-on, des conséquences
funestes, puisqu'on cite des exemples d'hommes
et de gros animaux, tels que des bœufs ou des
chevaux, ayant succombé par suite des innom-
brables piqûres des abeilles d'une seule ruche ou
d'un très-petit nombre de ruches.

Mais de tels accidents, qui sont extrêmement
rares, sont toujours dus à des actes d'une inex-
cusable imprudence, et il est toujours facile
d'éviter qu'ils se produisent.

MOYENS D'ÉVITER LES PIQURES DES ABEILLES

13. L'abeille dans la campagne. — Remar-
quons d'abord que l'abeille éloignée de sa ruche
ne se montre jamais agressive. Si on l'attaque
tandis qu'elle est occupée à butiner, soit en la
touchant, soit en soufflant sur elle, elle se con-

tente de fuir. Elle ne pique que si on la saisit ou si on la presse, et ne fait alors usage de son aiguillon que pour se défendre.

14. L'abeille dans le voisinage de la ruche. — Tout près des ruches, il en est souvent différemment ; car les abeilles surveillent attentivement, pendant la belle saison, les alentours de leurs demeures, prêtes à se dévouer, s'il le faut, pour en éloigner tout ce qui leur semble être un ennemi.

15. Moyen d'approcher des ruches sans émouvoir les abeilles. — Mais si l'on a soin d'agir doucement, de ne pas faire de grands ou de rapides mouvements, si l'on n'imprime pas au sol des vibrations qui se transmettent à la ruche, comme cela a lieu lorsqu'on marche pesamment ou qu'on frappe du pied la terre ou lorsqu'on travaille le terrain tout près d'elles, *et surtout si les abeilles ont l'habitude de voir du monde,* elles ne s'émeuvent pas et continuent paisiblement leurs travaux sans songer à attaquer.

Si, en pareille circonstance, une abeille vient se poser sur votre vêtement, votre main ou votre visage, ne vous en inquiétez point ; elle partira bientôt d'elle-même ou dès que vous en approcherez le bout de votre doigt, car elle est venue là uniquement pour se reposer un instant et sans aucune intention hostile.

16. Annonce de l'attaque de l'abeille. — Il est extrêmement rare, du reste, qu'une abeille pique soudainement, sans avertissement préalable. L'abeille disposée à piquer commence par voltiger vivement autour de la personne qu'elle veut éloigner de sa ruche, en faisant entendre un bourdonnement clair auquel il est impossible de se méprendre.

17. Faire cesser l'attaque de l'abeille. — Il faut alors, avant tout, se garder de faire aucun mouvement précipité et d'agiter les bras comme pour la chasser, car ces mouvements, loin de la déterminer à fuir, n'ont d'autre effet que d'exciter davantage sa colère et de rendre sa piqûre à peu près inévitable. On doit, au contraire, se baisser doucement en rapprochant les mains du visage, comme pour garantir la figure, et gagner pas à pas un lieu obscur ou ombragé. Alors, satisfaite du résultat qu'elle a obtenu, l'abeille s'éloigne à son tour, revient encore une ou plusieurs fois, et finit par cesser complétement sa poursuite.

18. Cas où il s'agit d'opérer sur une ruche. — Camail. — Si l'on a quelque travail à exécuter sur une ruche, on évitera tout risque d'être

piqué en n'opérant qu'après avoir pris la précaution de revêtir un *camail*, sorte de capuchon en
étoffe légère, enveloppant la tête et le cou, et
garni au-devant du visage d'une toile métallique
claire, de se couvrir les mains de gants épais, et
de *mettre les abeilles en bruissement*.

19. Bruissement. — Fumée. — C'est au
moyen de la fumée qu'on détermine à son gré
l'état de bruissement des abeilles. Après s'être
couvert d'un camail et avoir mis ses gants d'apiculteur, on approche de l'entrée de la ruche un
petit rouleau de linge allumé par une de ses
extrémités, mais brûlant sans flamme et donnant
beaucoup de fumée, et l'on souffle pendant
quelques secondes sur cette fumée de manière à
en faire pénétrer une partie dans le logis des
abeilles. On soulève ensuite doucement la ruche
pour la détacher, sans secousse autant que possible, de son plateau, auquel elle adhère plus ou
moins fortement, puis on la remet aussitôt à sa
place en en faisant porter le bord sur une pierre
ou un morceau de bois, de manière qu'elle reste
un peu soulevée d'un côté. Enfin on glisse le fumeron sous la ruche même, pour que la fumée
agisse plus directement sur les abeilles. Une
minute de fumigation suffit ordinairement pour
produire l'effet désiré.

Aussitôt que les abeilles qui sont à l'entrée de la ruche éprouvent l'impression de la fumée, elles cherchent à l'éviter en fuyant à l'intérieur ; dans la ruche, toutes se mettent à agiter vivement leurs ailes, en se cramponnant à la place même qu'elles occupent, en baissant la tête et en élevant leur abdomen, et font entendre un bourdonnement sonore et prolongé : elles sont alors en *bruissement*, et l'on peut renverser la ruche sans aucun risque, car *les abeilles en bruissement sont tout à fait inoffensives.*

20. — On maintient l'état de bruissement en insufflant de temps en temps quelques bouffées de fumée sur les abeilles; il convient toutefois de n'user de ce moyen d'action si efficace qu'avec une certaine modération, parce que la gêne que la fumée fait éprouver à ces insectes pourrait devenir préjudiciable à leur santé et, par suite, à la prospérité ultérieure de la ruche.

21. Importance de la mise en bruissement. — La mise des abeilles en bruissement avant toute opération à exécuter sur une ruche présente un avantage des plus considérables : son efficacité pour maîtriser les abeilles est *absolue* et son emploi *indispensable* pour éviter toute chance d'accident.

22. — En effet, aucune abeille en bruissement

ne sort de la ruche; il n'y a que celles, en petit
nombre, sur lesquelles la fumée n'a pas agi ou
n'a agi que très-légèrement, qui s'échappent
pour voltiger à l'entour, et alors on reconnaît
aisément qu'elles éprouvent plutôt une vive in-
quiétude qu'un sentiment de colère; de telle
sorte qu'il n'y en a aucune ou presque aucune qui
soit disposée à piquer, que l'opérateur est, en
tout cas, suffisamment préservé par le camail
léger dont il est muni, et enfin qu'il n'y a aucun
risque de piqûre pour les personnes ni pour les
animaux qui sont dans le voisinage.

23. — Lorsque, au contraire, le bruissement n'a
pas été préalablement établi, ce sont parfois des
centaines d'abeilles furieuses qui sortent à la fois
de la ruche, dès qu'on lui imprime un mouvement
un peu étendu, se précipitent avec rage sur les
hommes et sur les bestiaux dans un périmètre
plus ou moins grand, et se faufilent avec achar-
nement jusque dans les plus étroits replis de la
peau des animaux ou des vêtements de l'homme,
dans l'intention de piquer. Il faut alors que l'opérateur ait eu la précaution de se couvrir de la
tête aux pieds d'un affublement qui l'enveloppe
complétement, bien épais, bien hermétiquement
fermé et, par conséquent, insupportablement
chaud et incommode, pour être sûr de se retrouver

sain et sauf après l'accomplissement de sa témé-
raire entreprise. Mais, lors même que pendant
l'opération, pratiquée d'une manière aussi gra-
vement imprudente, les abeilles n'ont causé aucun accident dans les alentours, lors même que
l'apiculteur n'a reçu d'elles aucune atteinte, son
vêtement n'en est pas moins criblé d'aiguillons,
et, par suite, un grand nombre d'abeilles doivent
nécessairement périr, ce qui constitue une perte
sensible pour le rucher. *L'emploi de la fumée joue
donc un rôle capital dans la culture des abeilles.*

24. — Il est maintenant facile de comprendre
que, moyennant les précautions d'une extrême
simplicité qui viennent d'être indiquées, et dont
il ne faut pas perdre de vue que la plus importante est la mise des abeilles en bruissement, on
peut voir de près les abeilles, les étudier, les soigner, et exécuter sur les ruches toutes les opérations possibles, sans aucun risque de piqûre, ni
pour soi ni pour autrui.

25. De l'habitude des abeilles. — Lorsqu'on
s'assujettit dès les commencements à ne négliger,
en approchant des abeilles, aucune des mesures
de sûreté que nous avons exposées, on s'aguerrit
vite. On s'aperçoit bientôt que, dans beaucoup
de cas, on peut se passer des gants, du camail et
même du fumeron, pourvu que l'on agisse sans

brusquerie, sans secousses et pourvu que l'air de la respiration humaine n'arrive pas jusqu'aux abeilles. C'est alors qu'on devient moins prudent et que, de temps en temps, en s'expose bénévolement à recevoir quelque piqûre.

Or, on est rarement corrigé de ces petites imprudences par les quelques coups d'aiguillon reçus en pareilles circonstances; bien plus, on reconnaît promptement qu'on y devient de moins en moins sensible, et, au bout de peu de temps, on constate que la douleur causée par la piqûre ne dure plus que quelques minutes, et que l'enflure qui en est ordinairement la suite, est très-légère et très-fugace, sinon tout à fait nulle.

26. **Personnes invulnérables aux abeilles. — Intoxication du venin des abeilles.** — Enfin, particularité bien remarquable à noter, il est certain qu'on parvient, par l'effet de l'*intoxication* probablement, à un état plus ou moins complet d'invulnérabilité à l'égard des abeilles, comme dans les pays chauds on devient, au bout d'un certain temps, invulnérable aux moustiques; et c'est là ce qui tend à expliquer comment certains individus, qui par état ont souvent affaire aux abeilles, affrontent impunément, dit-on, leurs dards envenimés, sans aucune précaution préalable.

DESCRIPTION DE L'INTÉRIEUR D'UNE RUCHE

27. Visite de l'intérieur d'une ruche. — Supposons que l'on se propose de visiter, dans la première quinzaine d'avril par exemple, l'intérieur d'une ruche occupée par une colonie d'abeilles.

On choisira un temps doux et le milieu du jour ; car on ne doit jamais troubler les abeilles lorsque la température de l'air est inférieure à huit ou dix degrés centigrades, afin que les abeilles que ce dérangement pourrait faire sortir de la ruche, ne soient pas exposées à être saisies par le froid et à périr. Après avoir enfumé modérément la ruche, on la retourne doucement et on la place sur son plateau ou sur tout autre support, dans une position renversée, afin de pouvoir en examiner l'intérieur.

28. Rayons ou gâteaux, alvéoles. — On voit dans la ruche une série de *gâteaux* ou *rayons* de cire disposés verticalement et entre lesquels se tiennent les abeilles, que l'on peut forcer à changer de place en dirigeant sur elles un peu de fumée. Ces gâteaux forment des plans sensiblement parallèles entre eux, et présentent sur chacune de leurs faces un nombre immense de petites cavités hexagonales contiguës, nommées *cellules* ou *alvéoles*.

29. Couvain. — La plupart de ces alvéoles, notamment ceux qui sont au bas des rayons, sont vides à cette époque de l'année. D'autres, situés plus profondément et vers le centre de la ruche, sont fermés d'un couvercle ou opercule légère_ ment convexe, jaunâtre et opaque ; ils sont oc-cupés par de jeunes abeilles sous forme de chrysalides, qui sont près d'arriver à l'état d'in-secte parfait. Entre ces cellules et les cellules vides du bas des rayons, il s'en trouve un certain nombre dans chacune desquelles on pourrait, en détachant un morceau de gâteau à l'aide d'un couteau, voir un œuf, ou un ver plus ou moins développé et de couleur blanche ; cet œuf ou ce ver deviendra à son tour une abeille dans quel-ques semaines. Les jeunes abeilles à l'état d'œuf, de ver ou de chrysalide forment ce qu'on appelle le *couvain*.

30. Miel. — Plus profondément encore sont des cellules remplies de miel et fermées d'un cou-vercle plat, incolore, légèrement translucide et tout à fait différent par l'aspect de l'opercule qui couvre les cellules à couvain. Ce miel est, dans cette saison, le reste de la provision d'hiver faite par les abeilles pendant l'année précédente.

31. Grandes cellules. — Enfin, sur les côtés de la ruche, on voit des gâteaux entiers ou des portions de gâteaux dont les alvéoles sont beaucoup plus grands ; c'est ce qu'on nomme les *grandes cellules* ou *cellules à bourdons*.

32. Batonnets de soutien des rayons. — Au commencement d'avril, les rayons, dont la construction date de six mois au moins, sont en général assez solides pour n'être pas exposés à se briser pendant qu'on renverse la ruche ; mais, aux époques de l'année où la ruche contient une certaine abondance de miel et de couvain, cet accident se produirait infailliblement si l'apiculteur n'avait eu le soin, avant d'y loger des abeilles, d'y fixer par leurs deux extrémités un nombre suffisant de petits bâtons transversaux, auxquels les abeilles attachent leurs rayons, et qui assurent la solidité de ces derniers. Les rayons neufs surtout sont d'une extrême fragilité.

33. Fin de la visite. — Cette visite, qui n'exige que quelques minutes, étant terminée, on remet doucement la ruche sur son plateau dans sa position ordinaire, on la recouvre de son surtout, et les abeilles n'éprouvent de ce trouble momentané aucun préjudice sensible.

CHAPITRE II

HISTOIRE NATURELLE DES ABEILLES

COMPOSITION D'UNE COLONIE

34. Trois sortes d'individus. — L'espèce des abeilles comprend trois sortes d'individus, savoir : des *abeilles fécondes* ou *mères*, des *faux-bourdons* et des *abeilles ouvrières*.

Les faux-bourdons et les ouvrières sont sté-riles.

35. Leur nombre. — Il ne peut exister dans chaque colonie qu'une seule mère, qu'on appelle aussi improprement *reine*; on y trouve, mais seulement pendant quatre ou cinq mois de la belle saison, quelques centaines de faux-bourdons, et le reste de la population est formé d'ouvrières, dont le nombre est habituellement de douze à dix-huit mille.

36. Importance du rôle de la mère. — L'abeille mère remplit dans la colonie un rôle des plus importants. Elle seule, en effet, pourvoit par une ponte abondante à l'entretien du haut chiffre de la population de la ruche. Toute colonie privée de mère et des moyens de s'en procurer une, périt nécessairement au bout d'un temps assez court, puisqu'il ne s'y produit plus de naissances pour réparer les pertes dues à la mortalité naturelle ou accidentelle. De plus les abeilles orphelines, comme dépourvues dès lors de leur admirable instinct, négligent leurs travaux habituels, ainsi que la défense de leurs provisions et de leurs édifices, et, de cette façon, deviennent promptement victimes de la famine et des ravages de leurs ennemis.

37. Fonction unique de la mère. — Bien que la présence de la mère ait sur les abeilles, comme il vient d'être dit, une sorte d'influence morale singulière, d'ailleurs aisée à reconnaître, d'où résultent le travail et l'activité de la colonie, la mère ne semble en aucune circonstance exercer une autorité quelconque sur les autres habitants de la ruche, et ne paraît pas avoir d'autre

fonction que celle de pondre. Du reste, il est à remarquer que cette influence mystérieuse de la
présence de la mère, dont on est naturellement
disposé à attribuer les effets à des ordres donnés
et reçus, s'observe lors même que la mère n'est
encore qu'à l'état d'œuf, de ver ou de chrysalide,
c'est-à-dire, lorsqu'il lui est impossible de mani-
fester ni même d'avoir une volonté.

38. Ponte de la mère. — La mère pond pendant toute la belle saison et quelquefois jusque
pendant l'hiver. Sa ponte est d'autant plus active
que la population de la colonie est plus nombreuse, que la quantité de miel en magasin est
plus grande, qu'il y a une plus grande abondance
de fleurs mellifères dans la campagne, que ces
fleurs donnent plus de miel, et enfin que les
rayons destinés à recevoir le couvain sont moins
anciens et présentent une plus parfaite régularité.

39. Grande ponte. — La ponte de la mère, fort
diminuée ou devenue nulle vers la fin d'octobre,
reprend son cours en janvier ou février, et devient
très-abondante à l'approche de la floraison et
pendant la floraison des plantes qui donnent le
plus de miel, en avril et mai dans les cantons
de cultures variées et de prairies artificielles, en
juillet et août dans les cantons de sarrasin et de

2*.

bruyères. C'est ce qu'on appelle la *grande ponte,* qui produit les essaims.

40. Nombre des œufs que pond la mère. — On évalue à soixante mille environ le nombre des œufs que la mère pond dans l'espace d'une année. Pendant la durée de la grande ponte, le nombre des œufs pondus chaque jour paraît s'élever à environ un mille.

41. Aiguillon de la mère. — L'aiguillon de l'ouvrière est rectiligne et très-court ; celui de la mère, plus long et plus fort que celui de l'ouvrière, est légèrement courbé vers la face ventrale de l'insecte. Ajoutons que, tandis que l'ouvrière est toujours prête à piquer, la mère, au contraire, pique très-rarement, et qu'on peut généralement la manier sans risque. La mère ne se sert guère de son aiguillon que pour détruire d'autres mères.

42. Combat des mères. — L'instinct des mères les pousse irrésistiblement à se combattre entre elles jusqu'à la mort d'une des deux rivales, et c'est là ce qui explique comment il ne peut y avoir qu'une seule mère dans chaque colonie.

43. Durée de la vie de la mère. — L'abeille mère vit quatre ou cinq ans. Elle est ordinairement remplacée par les soins des abeilles, même de son vivant, lorsqu'elle devient âgée et moins féconde, si la colonie ne renferme pas d'autres causes de destruction.

44. Faux-bourdons. — Les faux-bourdons sont des abeilles beaucoup plus grosses que les ouvrières, et que l'on voit voltiger à grand bruit aux alentours des ruches dans les beaux jours du printemps et de l'été, entre une heure et trois heures ; leur taille et leur forme les feraient prendre aisément pour des mouches d'une espèce différente de celle des abeilles.

Les faux-bourdons n'ont pas d'aiguillon.

45. Occupations des faux-bourdons. — Les faux-bourdons emploient leur temps à dormir dans l'intérieur de la ruche, ou à prendre leurs ébats au dehors en volant pendant les plus chaudes heures du jour, sans s'arrêter sur les fleurs. Il ne se nourrissent que du miel déjà recueilli par les abeilles ; aussi leur grand nombre est-il nuisible à la colonie, qu'ils appauvrissent, et plusieurs apiculteurs ont-ils imaginé divers procédés pour le réduire.

46. Massacre des faux-bourdons. — Lorsque les fleurs mellifères deviennent rares, les faux-bourdons sont chassés et même mis à mort, presque à jour fixe, par les ouvrières, dans toutes les colonies bien organisées, et l'on voit pendant quelques jours leurs nombreux cadavres joncher le sol au-devant des ruches. La présence de faux-bourdons dans une colonie, après leur expulsion des autres ruches, annonce que cette colonie est orpheline ou que sa mère est défectueuse et, par conséquent, que l'apiculteur doit remédier au plus tôt à cet état de choses.

47. — Quoique les abeilles d'une colonie tuent toute abeille étrangère qui pénètre dans leur ruche, elles supportent parfaitement, en temps ordinaire, les faux-bourdons étrangers; mais lorsqu'une colonie a chassé ses faux-bourdons, elle n'en tolère plus aucun.

48. Fonctions des ouvrières. — Les abeilles ouvrières sont seules chargées de l'exécution de tous les travaux tant intérieurs qu'extérieurs; elles préparent la demeure commune lors de l'emménagement de la colonie, construisent les rayons et les diverses sortes d'alvéoles, approvisionnent la ruche en allant chercher au dehors, parfois jusqu'à plus de deux kilomètres, les vivres et les matériaux nécessaires, nourrissent les jeunes, renouvellent l'air, maintiennent la propreté du logis en enlevant les débris et les cadavres, font les réparations, et défendent au besoin la famille aux dépens de leur existence.

49. Durée de la vie de l'ouvrière. — La vie des ouvrières est assez courte et n'excède guère

sept ou huit mois; elle est souvent beaucoup
moindre pendant la saison des travaux, à cause
des dangers de toute sorte auxquels les exposent
leurs courses hors de la ruche.

NAISSANCE DE L'ABEILLE OUVRIÈRE

50. Les œufs d'abeille. — Les œufs d'abeille
sont de petits corps allongés, presque cylindriques,
un peu arqués, arrondis à leurs extrémités, et
d'un blanc nacré, qui, pour la grandeur et la
forme, rappellent ceux que les grosses mouches
bleues déposent sur la viande. Ils sont pondus
isolément dans les petites cellules, ou dans les
grandes cellules, ou enfin dans des alvéoles spéciaux dont nous parlerons plus loin, suivant qu'ils
doivent donner naissance à des ouvrières, à des
faux-bourdons ou à des mères. Tous ces œufs ont
exactement le même aspect.

51. Éclosion. — Sous l'influence de la chaleur
produite par les abeilles qui couvrent constamment le couvain, l'œuf éclot au bout de trois
jours. Il en naît un ver dépourvu de pieds, que
les abeilles nourrissent d'une sorte de bouillie formée d'un mélange de miel et de pollen, qu'elles
savent préparer et qu'elles viennent dégorger à
proximité de sa bouche.

52. Passage de l'ouvrière de l'état de ver ou de larve à l'état de chrysalide. — Cinq jours après son éclosion, le jeune ver d'ouvrière est arrivé au terme de sa croissance et remplit l'alvéole où il est né. Les abeilles cessent alors de lui apporter de la nourriture et ferment complétement sa cellule au moyen d'un couvercle de cire un peu convexe, opaque et d'une couleur d'un gris jaunâtre. Le ver, ainsi emprisonné, se hâte de filer une sorte de cocon, en tapissant de soie les parois de sa cellule, et se transforme en une chrysalide d'une parfaite blancheur.

53. Arrivée de l'ouvrière à l'état d'insecte parfait. — Douze jours après que le ver d'ouvrière a été operculé, c'est-à-dire, vingt jours après la ponte de l'œuf, la jeune abeille, arrivée à l'état d'insecte parfait, ronge le contour du couvercle de sa cellule, sort tout humide de son berceau, et reçoit les soins des abeilles ouvrières ses aînées, qui lui présentent du miel et l'essuient avec leurs trompes. La jeune abeille est alors d'une teinte grisâtre ; elle reste faible et incapable de voler pendant un jour ou deux, après lesquels, ayant pris un peu d'accroissement, la couleur brune de ses compagnes et des forces suffisantes, elle joint probablement son travail à celui des autres ouvrières de la colonie dans l'in-

térieur de la ruche ; mais il paraît avéré que la
jeune ouvrière ne commence à travailler au dehors que six ou sept jours après son arrivée à
terme.

DESCRIPTION DE L'ABEILLE OUVRIÈRE

54. — Le corps des abeilles est formé de trois
parties : *la tête, le thorax* ou *corselet* et *l'abdomen*. Ces trois parties sont plus ou moins cou-
vertes de poils très-fins. Le canal de communication
qui joint la tête au corselet, et celui qui joint le
corselet à l'abdomen sont très-courts et très-
étroits.

55. Tête. — La tête de l'ouvrière est aplatie
d'avant en arrière et de forme triangulaire. On y
voit deux yeux à facettes, très-grands, placés
latéralement à la partie supérieure ; en bas, deux
mâchoires cornées, qui servent à l'animal pour
entamer et pour pétrir les matières qui ont une
certaine cohésion, et derrière ces mâchoires, une
langue ou trompe, qui lui sert à lécher et à pom-
per les matières liquides. La tête porte en avant
deux antennes courtes, coudées à une petite distance de leurs points d'attache, et qui sont pour
l'insecte le principal organe du toucher. Enfin, la
face antérieure de la tête présente trois yeux
lisses, ou *ocelles,* disposés en triangle.

56. Corselet. — Le corselet de l'ouvrière a un peu moins de quatre millimètres de diamètre ; il est globuleux et couvert de poils jaunâtres. Il porte latéralement, à la partie dorsale, quatre ailes disposées par paires, dont les deux antérieures sont plus grandes, et à la face ventrale, trois paires de pattes, munies de brosses à la partie interne, et dont chacune des deux postérieures offre, en outre, un organe particulier appelé *corbeille* ou *cueilloir*.

57. Corbeilles ou cueilloirs. — On nomme ainsi la dépression irrégulière assez étendue et bordée de poils roides que présente, à la partie externe, la jambe de chacune des pattes postérieures de l'ouvrière, et qui est destinée à recevoir une charge lorsque l'abeille rapporte du dehors du *pollen* ou de la *propolis*, substances sur lesquelles nous reviendrons plus loin, et dont la première, qui est recueillie dans les fleurs, entre comme élément dans la nourriture du couvain, et dont l'autre, qui a une origine différente, sert aux abeilles pour consolider leurs rayons et pour rendre imperméables les parois intérieures de leurs ruches.

58. Abdomen. — L'abdomen est recouvert d'anneaux mobiles les uns sur les autres. Il renferme un double estomac, l'intestin, la vésicule

à venin et la gaine dans laquelle repose l'aiguillon.

Le premier estomac est le réservoir dans
lequel l'abeille apporte à la ruche l'eau ou le
miel ; le second estomac sert à la digestion des
aliments.

59. Matière première de la cire. — Les
anneaux abdominaux de l'abeille ne sont pas
complets à la face ventrale ; ils y forment seulement de larges plaques, ou écailles, qui se super-
posent sur leurs bords. C'est dans les interstices
formés par ces écailles que se produisent, dans
certaines circonstances, chez l'abeille ouvrière,
de minces lamelles incolores et transparentes
d'une substance qui n'est autre chose que la
matière première de la cire, dont elles construisent
leurs rayons.

NAISSANCE ET DESCRIPTION DU FAUX-BOURDON

**60. Le faux-bourdon à l'état d'œuf, de
larve et de chrysalide.** — L'œuf destiné à
donner naissance à un faux-bourdon éclot au bout
de trois jours ; mais le faux-bourdon reste six
jours et demi à l'état de ver, et quatorze jours
sous opercule. En sorte qu'il ne quitte son berceau que le vingt-quatrième jour après la ponte
de l'œuf.

61. Particularités distinctives du faux-bourdon. — La tête du faux-bourdon est relativement petite et semble arrondie en avant comme une tête d'épingle ; ses ailes sont longues et larges ; la partie dorsale de son abdomen présente peu de poils et paraît plus noire que chez l'ouvrière, tandis que le corselet et l'extrémité de l'abdomen sont très-velus. Le faux-bourdon fait en volant un bruit assez fort et très-différent de celui que produit le vol de l'ouvrière ; c'est à ce bruit qu'il doit son nom de *faux-bourdon* ou, par abréviation, de *bourdon*.

Le diamètre du corselet du bourdon a près de six millimètres.

Le bourdon, qui est très-gros, très-fort et muni de puissantes ailes, n'a pas été destiné par la nature au travail et n'en exécute d'aucune sorte ; ses mâchoires sont très-petites et sa trompe très-courte ; ses pattes sont dépourvues de brosses et de ces petites cavités, corbeilles ou cueilloirs, que nous avons signalées chez les ouvrières ; enfin le bourdon ne produit pas de cire.

62. Bourdons de petite taille. — Il naît quelquefois des bourdons dans les petites cellules ; dès lors ils sont de taille beaucoup moindre. Ces cellules sont alors prolongées très-sensiblement par les abeilles et fermées ensuite d'un opercule très-convexe et très-saillant, qui les fait aisément distinguer des alvéoles d'ouvrières operculés.

NAISSANCE DE LA MÈRE

63 Alvéoles maternels. — Les jeunes mères naissent et sont élevées dans des alvéoles spéciaux, nommés *alvéoles maternels* ou *alvéoles royaux*, tout différents des cellules qui garnissent les faces des rayons.

En effet, les cellules destinées aux ouvrières et aux bourdons sont juxtaposées en grand nombre, de manière à former les rayons, leurs parois sont très-minces, et l'axe de chacune d'elles est sensiblement horizontal ; en réalité cet axe présente une inclinaison de quatre à cinq degrés de haut en bas et de dehors en dedans du rayon. Les alvéoles maternels, au contraire, sont isolés, leurs parois sont très-épaisses, leur axe est disposé verticalement, et leur ouverture est à la partie inférieure, de manière que la jeune mère a la tête en bas pendant tout le temps qu'elle reste sous forme de chrysalide.

64. Situation, aspect des alvéoles maternels. — Les alvéoles maternels sont construits en saillie sur les bords des rayons, dans les par-

ties de la ruche où ceux-ci laissent quelque vide
entre eux, ou entre eux et les parois; on peut
souvent en apercevoir quelques-uns, à l'époque
de la grande ponte et pendant la saison de l'essaimage, en plongeant les regards à une certaine profondeur entre les rayons. Lorsque l'alvéole maternel est operculé, il a l'aspect d'une
sorte d'olive allongée, à surface inégale et comme
sculptée; lorsqu'il n'est que commencé depuis
peu, il ressemble à une cupule de gland dont
l'ouverture serait dirigée par en bas, et l'on peut
y distinguer l'œuf qui y a été pondu ou le jeune
ver qui y est nourri, lequel est comme collé au
fond de la cellule sur l'épaisse couche de nourriture mise à sa disposition, et soutenu ainsi assez
singulièrement en dépit de la pesanteur.

65. La jeune mère à l'état de larve. — L'œuf
maternel éclot au bout de trois jours et le ver qui
en provient reçoit avec profusion une nourriture spéciale. A mesure qu'il prend de l'accroissement, les abeilles prolongent sa cellule en
forme de tube à parois épaisses, et, cinq jours
après l'éclosion de l'œuf, l'alvéole est scellé par
les ouvrières, qui surajoutent à l'opercule une
seconde couche de cire.

66. La jeune mère sous opercule. — Le ver
maternel se file aussitôt une coque, mais une

coque très-incomplète, en tapissant de soie la partie inférieure seulement des parois de sa cellule, celle qui correspond à la tête et au corselet, et se transforme en chrysalide. Enfin, *quinze jours et demi* après la ponte de l'œuf, la jeune mère arrive à l'état d'insecte parfait. — Cette durée de *quinze jours et demi* est très-importante à retenir pour la pratique de certaines opérations d'apiculture.

67. Premières sorties de la jeune mère. — Commencement de sa ponte. — Nous verrons dans le chapitre III comment une colonie qui élève des jeunes mères peut donner naissance à plusieurs colonies nouvelles, qu'on nomme *essaims,* et comment l'ancienne mère et les jeunes mères se répartissent entre les essaims et la colonie qui les a produits.

Dès la nuit qui suit l'établissement d'un essaim, ou la décision prise par la souche de ne plus essaimer, toutes les mères surnuméraires, s'il en existe, sont mises à mort, et une seule reste dans chaque ruche pour assurer l'avenir de la famille désormais constituée. Toutefois, la jeune mère ainsi installée quelques heures seulement, pour ainsi dire, après sa naissance, est encore faible et incapable de pondre. Elle se repose, et ne sort pas de sa ruche avant le sixième ou, le plus souvent, le septième jour qui suit son arrivée à l'état d'insecte parfait. Elle fait alors en deux ou trois jours quelques courtes et rares promenades au dehors, aux mêmes heures choisies de la journée que les bourdons, puis elle commence à pondre le onzième jour, rarement le dixième jour, après sa naissance, et dès lors elle ne sort plus de la ruche que pour accompagner un essaim.

68. Mères défectueuses. — On a observé que, lorsque les premières sorties de la mère, dont il vient d'être parlé, ont été empêchées, ou lorsque la mère est née en saison défavorable, c'est-à-dire en dehors de la saison de l'essaimage, sa ponte ne donne naissance qu'à des bourdons, et ne produit ni ouvrières ni jeunes mères. On dit alors que sa ponte est *viciée,* que la mère est *bourdonneuse* ou *défectueuse.* La colonie dont la mère est défectueuse dépérit rapidement ; l'apiculteur doit aviser promptement au moyen d'en sauver les abeilles et les provisions, sinon de sauver la colonie elle-même en remplaçant la mère défectueuse par une autre mère.

DESCRIPTION DE LA MÈRE

69. Caractères distinctifs de la mère. — L'abeille mère se reconnaît aisément de prime-

abord à son volume, à sa forme générale, à la
longueur et à la couleur de ses pattes.

La mère est moins grosse que le bourdon, avec
lequel il est d'ailleurs impossible de la confondre,
et elle est plus grosse et plus longue que l'ouvrière, à laquelle elle ressemble davantage. Le
corselet de la mère a cinq millimètres de diamètre.

La tête de la mère, moins anguleuse que celle
de l'ouvrière, paraît petite relativement au corselet; ses mâchoires sont moins fortes et sa
trompe plus courte. D'autre part, son abdomen
se prolonge de plusieurs millimètres au delà du
bout des ailes et va en s'amincissant graduellement depuis le corselet jusqu'à l'extrémité du
corps.

Les pattes de la mère sont plus longues que
celles de l'ouvrière et dépourvues de brosses et
de corbeilles, et, tandis que les pattes de l'ouvrière sont noires, celles de la mère sont carac-
térisées par une couleur jaune d'or, que l'on
retrouve sur toute la face ventrale de son corps.

La mère, privée comme le bourdon des or-
ganes du travail, n'en exécute aucun; elle pond,
et en cela se résume son emploi.

DES MÈRES ARTIFICIELLES

70. Définition. — Un des faits les plus remarquables de l'histoire naturelle des abeilles consiste en ce que, lorsqu'elles ont récemment perdu leur mère, elles peuvent, lors même qu'elles ne possèdent ni ver ni œuf maternel, se créer une nouvelle mère au moyen d'un jeune ver d'ouvrière auquel elles donnent des soins spéciaux dans ce but. La mère ainsi obtenue se nomme une *mère artificielle.*

71. Procédé suivi par les abeilles. — A cet effet, les abeilles choisissent un ver d'ouvrière éclos depuis moins de trois jours, et préférablement depuis un peu moins de vingt-quatre heures, changent sa nourriture, agrandissent sa cellule aux dépens de quelques cellules voisines, la prolongent un peu en avant, puis la recourbent verticalement pour la transformer en alvéole maternel, et, habituellement le douzième jour après la perte de l'ancienne mère, la mère artificielle sort de son berceau, avec toutes les qualités et les aptitudes des mères ordinaires. Les choses se passent toujours ainsi lorsque, au moment de la disparition de l'ancienne mère, la colonie possède ou qu'on lui donne du couvain d'ouvrières suffisamment jeune, ce qui se fait en fixant d'une manière quelconque, au moyen de deux ou trois minces chevilles de bois, par exemple, dans la partie de la ruche habitée par les abeilles, un gâteau contenant des œufs ou de très-jeunes vers d'ouvrières empruntés à une autre colonie.

72. Circonstances où la création d'une mère artificielle n'a pas lieu. — Mais d'une part, les vers de trois jours ou de plus de trois jours paraissent impropres à être transformés en mères ; et, d'autre part, lorsque les abeilles sont restées orphelines pendant plusieurs semaines, si l'on fixe dans leur ruche un gâteau contenant du couvain d'ouvrières de tout âge, elles prennent soin de ce couvain et l'élèvent complétement, mais sans tenter de se créer une mère, et, par suite, elles restent vouées à une prompte destruction à moins que l'apiculteur ne vienne de façon ou d'autre au secours de la colonie.

73. — La possibilité de faire naître des mères artificielles et la connaissance des circonstances dans lesquelles a lieu leur production, permettent à l'apiculteur de renouveler ou de remplacer les mères avant que l'âge les rende moins fécondes, et de substituer avantageusement l'essaimage artificiel à l'essaimage spontané.

3*.

DURÉE DE L'EXISTENCE DES COLONIES

74. Causes diverses de la perte des colonies. — Chambre à couvain. — Outre les causes accidentelles qui peuvent déterminer la perte d'une colonie, telles que les maladies ou les ravages des ennemis des abeilles, la famine due à l'insuffisance des provisions amassées avant la mauvaise saison ou à la granulation ou durcissement du miel dans les alvéoles, ce qui le rend impropre à servir d'aliment aux abeilles, la défectuosité de la mère, ou sa mort dans une circonstance où elle ne peut être remplacée, etc., il en est une inhérente à l'existence même des colonies et à leur fonctionnement régulier ; c'est l'altération progressive des portions de rayons situées dans la partie centrale de la ruche, où le couvain est ordinairement cantonné, où les abeilles accumulent le pollen pour la nourriture des jeunes vers et qu'on nomme la *chambre à couvain*.

75. Rétrécissement des alvéoles dans la chambre à couvain. — Lorsqu'une ouvrière sort de son berceau, les abeilles se hâtent, il est vrai, de nettoyer l'alvéole devenu libre ; mais elles sont impuissantes à en retirer la mince

pellicule de soie que la larve y a filée avant
sa transformation en chrysalide, et qui reste
adhérente aux parois de la cellule. A mesure
donc que de jeunes ouvrières sont élevées successivement dans une même cellule, la capacité
de celle-ci diminue graduellement, ce qui produit une diminution de plus en plus sensible de
la taille des ouvrières qui y prennent naissance ;
puis il arrive un moment où la mère n'y pond
plus. — Il est à remarquer que les mères ne sont
point soumises à cette cause de diminution de
taille, attendu que chaque alvéole maternel ne
sert qu'une fois et est détruit peu après la sortie
du berceau de la jeune mère qui y a été élevée.

76. Rouget. — D'autre part, les abeilles recueillent chaque année, en général, plus de pollen qu'elles n'en emploient jusqu'au moment où
elles peuvent au printemps s'en procurer de nouveau. Le pollen vieilli est alors abandonné dans
les cellules qu'il occupe, car les abeilles l'en re-
tirent rarement d'une manière complète, sans
doute à cause de la difficulté que ce travail leur
présente. C'est ce pollen suranné, et le plus souvent altéré, qu'on nomme *rouget,* à cause de sa
couleur habituelle. Parfois, pour se débarrasser
de cette matière inutile, les abeilles rongent, en
les contournant, des portions de rayons plus ou

moins étendues qui en contiennent, et les détachent; d'où il résulte dans la chambre à couvain des trous ou lacunes, que les abeilles laissent subsister sans y bâtir de nouvelles cellules.

77. Décadence de la colonie. — La diminution du nombre des cellules propres à l'élevage du couvain, et le défaut d'uniformité des rayons dû aux lacunes qu'ils présentent, s'opposant à la régularité de la ponte de la mère et au groupement des abeilles sur le couvain, la production des jeunes décroît; l'ardeur au travail diminue en même temps que la population; la colonie n'essaime plus, et la mère vieillit sans être remplacée; la décadence marche à grands pas et, au bout d'un temps plus ou moins long, si la colonie n'est pas victime du pillage ou de l'envahissement de la fausse-teigne, on trouve sur le plateau de la ruche, totalement dépourvue de miel, les cadavres du petit nombre d'abeilles auquel la population de la colonie s'était définitivement réduite.

Il résulte de là que toute colonie abandonnée à elle-même doit immanquablement périr, par suite de la détérioration de sa chambre à couvain, dans un espace de temps qui n'excède guère cinq ou six ans. Le renouvellement des rayons à couvain tous les deux ou trois ans est donc une opération avantageuse. Les quelques détails dans lesquels nous allons entrer sur les *ruches à tête* et sur celles que nous désignerons sous le nom de *ruches perpétuelles,* nous donneront une idée de l'importance du renouvellement des rayons des colonies et spécialement des rayons de la chambre à couvain.

78. Age des rayons. — Les gâteaux neufs sont blancs et, quelques jours après, d'un jaune soufre. Ils prennent ensuite peu à peu une couleur rousse qui, avec le temps, devient de plus en plus foncée. Après quatre ou cinq ans, les rayons du centre sont complétement noirs.

IMPORTANCE DU RENOUVELLEMENT DES RAYONS DE LA CHAMBRE A COUVAIN

79. Emploi des ruches à col ou à tête. — C'est évidemment sur l'observation de l'altération rapide qu'éprouvent les rayons de la chambre à couvain qu'est fondé l'usage parmi les habitants de la campagne, dans un certain nombre de localités, de faire la récolte en septembre, époque de l'année où les colonies ont très-peu de couvain, et de couper alors horizontalement tous les gâteaux jusqu'à une profondeur qui dépasse la limite supérieure de la chambre à couvain, de manière à *enlever tout le rouget,* selon l'expression consacrée. On laisse aux abeilles comme provision pour l'hiver tout ce qui est dans le fond ou, comme on le dit, tout ce qui est dans la *tête* de la ruche ; car, la plupart du temps, la ruche, qui est en vannerie ou en paille, présente, à vingt-cinq ou trente centimètres au-dessous de son sommet, un étranglement ou rétrécissement qui donne à sa partie supérieure la forme d'une tête, et qui, rendant le fond de la ruche presque inaccessible à l'apiculteur, a pour but d'indiquer à celui-ci le niveau où la taille des rayons doit s'arrêter au moment de la récolte. On bénéficie de la cire recueillie, ainsi que des rayons de miel que l'on trouve au-dessous de ce niveau sur les côtés de la ruche, si l'année a été prospère. Les abeilles, au printemps suivant, construisent des gâteaux neufs, et la chambre à couvain est ainsi renouvelée. Aussi voit-on parfois des colonies traitées de cette façon prolonger leur existence d'une manière remarquable.

Ce procédé routinier, qui n'exige aucun savoir du propriétaire des ruches, est donc justifié jusqu'à un certain point, et donne des résultats

assez satisfaisants, dont l'homme de la campagne
se contente. Il a, toutefois, divers inconvénients :
je ne citerai que celui de laisser les abeilles exposées à mourir de faim en hiver si le miel qui
reste dans la tête de la ruche, et auquel on ne
touche jamais, est granulé en tout ou en partie.

80. Emploi des ruches perpétuelles. —
Quelques personnes se servent de ruches de
grandes dimensions et, tous les ans à la fin de la
saison, elles vident alternativement et d'une manière complète une des moitiés de chaque ruche,
en enlevant du haut en bas les rayons qui la
garnissent : une année la partie droite et l'année
suivante la partie gauche. Elles renouvellent
ainsi en deux ans tous les édifices, et elles font
de belles récoltes à cause de la nombreuse population de leurs colonies, qui n'essaiment presque
jamais. Comme les abeilles remplacent elles-
mêmes en temps convenable les mères âgées par
de jeunes mères, ces ruches sont, pour ainsi dire,
perpétuelles. Mais il est indispensable qu'elles
soient parfaitement abritées contre les froids de
l'hiver à cause du vide considérable qui se trouve
dans la ruche pendant la mauvaise saison et qui
est une cause de déperdition de chaleur. — Nous
avons vu une colonie occupant une vaste capa-

cité dans l'épaisseur d'un mur, qui, traitée de cette façon, durait depuis dix-huit ans, rapportant chaque année, en moyenne, de quinze à vingt kilogrammes de miel à son propriétaire, sans nécessiter d'autre travail que celui de la récolte.

CHAPITRE III

ESSAIMS NATURELS

ESSAIMAGE NATUREL

81. Essaim, souche. — On nomme *essaim naturel* l'ensemble des abeilles qui, accompagnées d'une mère, quittent à la fois spontanément leur ruche et se séparent du reste de la famille pour aller former ailleurs une colonie nouvelle. C'est par les essaims naturels que se multiplient les abeilles à l'état sauvage.

La colonie qui a fourni l'essaim se nomme la *souche* de l'essaim.

82. Saison de l'essaimage. — L'abondance des fleurs dans la campagne et un beau temps continu entrecoupé de pluies chaudes, qui augmentent la sécrétion du miel dans les fleurs, favo-

risent la ponte de la mère et disposent merveil-
leusement les colonies à essaimer. La saison des
essaims varie donc avec l'époque de la plus
grande production du miel dans les fleurs ou,
comme on le dit, avec l'époque de la *miellée*,
suivant les cultures des diverses localités. C'est
en mai et juin que les essaims se produisent dans
les pays de sainfoin et de prairies artificielles, en
juillet et août dans les pays de blé noir et de
bruyères.

La saison des essaims dure environ un mois et
demi dans chaque localité ; on ne doit toutefois
la considérer comme rigoureusement terminée
qu'à l'époque du massacre des bourdons.

83. Préparatifs d'essaimage. — Lors de la
grande ponte, la mère, après avoir pondu un
grand nombre d'œufs d'ouvrières dans les
petites cellules, pond des œufs de bourdons dans
les grandes cellules, sans interrompre sa ponte
d'ouvrières, et, en même temps, si la colonie est
en disposition d'essaimer, elle dépose à des intervalles de temps qui peuvent varier d'un à plusieurs jours, dans des alvéoles maternels ébauchés
par les ouvrières, des œufs destinés à produire
des mères, dont les naissances se trouveront ainsi
échelonnées sur un certain espace de temps.

84. Formation du premier essaim. — On

se représentera aisément les circonstances dans lesquelles se forme le premier essaim en imaginant que la mère, après avoir vu croître à découvert, sans paraître s'en émouvoir, les jeunes larves nourries dans les alvéoles maternels, éprouve, aussitôt qu'un de ces alvéoles est operculé, un irrésistible sentiment d'aversion à l'égard de la jeune mère qui y est renfermée, et cherche à l'anéantir. Elle se précipite donc vers la cellule maternelle operculée, pour la détruire ; mais elle en est repoussée par les ouvrières qui la gardent, et c'est pendant l'agitation qui résulte de ce conflit que, si le temps est favorable, quelques abeilles sortent de la ruche et sont bientôt suivies d'une grande partie de la population, et de la mère elle-même ; ainsi se forme le premier essaim, abandonnant sans esprit de retour la colonie dont il faisait partie, et n'y laissant, outre les ouvrières et les bourdons qui n'ont pas suivi l'essaim, et un couvain nombreux, que des mères au berceau, dont la plus âgée arrivera à terme sept jours plus tard, à quelques heures près.

85. Mères tuées au berceau. — Mais si pendant plusieurs jours le temps ne permet pas à l'essaim de partir, les gardiennes cessent de s'opposer aux attaques de la mère, et celle-ci va sans

opposition tuer la jeune mère dans son berceau,
en la perçant de son dard dans la région abdo-
minale, après avoir pratiqué dans la paroi laté-
rale de la cellule maternelle une ouverture
suffisante pour y passer l'extrémité de son corps.
Les abeilles détruisent alors cette cellule après
en avoir arraché par lambeaux le cadavre de la
jeune mère encore à l'état de larve, et le départ
du premier essaim est retardé jusqu'à ce qu'une
nouvelle jeune mère soit operculée à son tour.

Il y a des années où, des mauvais temps continus s'opposant au départ de l'essaim pendant
plusieurs semaines, toutes les jeunes mères d'une
colonie, prête d'ailleurs à essaimer, sont ainsi
tuées successivement au berceau, en sorte que,
lors même que le temps redevient favorable à la
sortie des essaims, la colonie n'essaime pas,
parce qu'elle n'a plus de jeune mère pour remplacer la sienne.

86. Essaim primaire, essaims secondaires.
— On nomme *essaim primaire* l'essaim qui est
accompagné de l'ancienne mère de la colonie. On
donne le nom d'*essaim secondaire* à tout essaim
qui n'est accompagné que d'une jeune mère, ou
de plusieurs jeunes mères, ce qui est assez fréquent. — Lorsqu'une colonie a donné son essaim

primaire, tous les essaims qu'elle produit à la
suite sont ainsi des essaims secondaires.

**87. Formation des essaims secondaires.
Mères prisonnières au berceau.** — Sept jours
après le départ spontané de l'essaim primaire, la
plus âgée des jeunes mères au berceau arrive à
terme, ronge circulairement l'opercule qui ferme
sa cellule et sort librement de son alvéole pour
succéder à celle qui a accompagné l'essaim. Mais
tandis qu'elle reste libre de parcourir à son gré
les rayons de la ruche, les ouvrières gardent avec
soin les cellules maternelles restantes, qui sont
alors toutes ou presque toutes operculées, et chaque nouvelle jeune mère arrivant à terme est,
au contraire, retenue prisonnière dans son berceau; les abeilles renforcent, au moyen de cire,
l'opercule qui l'y retient, et ne laissent au couvercle de l'alvéole qu'une petite ouverture, par
laquelle celle-ci passe sa trompe pour recevoir
pendant sa captivité le miel nécessaire à sa nourriture.

Cependant avant que vingt-quatre heures se
soient écoulées depuis l'arrivée à terme de la
jeune mère libre, celle-ci commence à res-
sentir une mortelle haine contre les jeunes
mères operculées, et va attaquer leurs berceaux.
Si la ruche est assez peuplée pour donner

un nouvel essaim, les ouvrières s'opposent aux
efforts de la jeune mère, qui manifeste son
irritation par un cri particulier, connu sous le
nom de *chant de la mère*, sur lequel nous reviendrons plus loin, et le lendemain, si rien ne s'oppose à la sortie de l'essaim, l'essaim part accompagné de la jeune mère libre, et souvent de plusieurs de celles que les abeilles retenaient prisonnières, lesquelles ont profité du désordre occasionné par le départ de l'essaim pour se délivrer et
le suivre. A la suite de cette seconde émigration
une autre jeune mère devient libre et les mêmes
faits peuvent se répéter un certain nombre de
fois.

88. — C'est ainsi que le principe de l'unité de
mère est conservé dans la souche, et qu'une
même colonie peut néanmoins donner successivement quatre ou cinq essaims dans un espace
total de seize à dix-huit jours.

89. Cessation de l'essaimage. — Seize à dix-
huit jours après qu'une colonie a donné son
essaim primaire, elle ne peut plus en fournir
aucun, attendu que sa provision de jeunes mères
est épuisée. Mais la cessation de l'essaimage peut
avoir lieu beaucoup plus tôt. C'est ainsi que, au
moment où une jeune mère libre cherche à
détruire les cellules maternelles gardées par les

abeilles, si les circonstances ne sont pas favo-
rables à la production d'un nouvel essaim, les
abeilles cessent de s'opposer aux efforts destruc-
teurs de la jeune mère libre, tout le couvain
maternel est mis à mort et, quelques jours après,
on trouve au bas de la ruche les cadavres des
jeunes mères qui ont été tuées dans leurs berceaux après leur dernière transformation. La présence de ces cadavres de mères au pied d'une
ruche qui a essaimé est ainsi un signe certain
qu'elle a cessé d'essaimer.

90. **Signes précurseurs de la sortie des
essaims primaires. Bourdonnement d'essaimage. Barbe.** — Quelques semaines avant le
commencement de l'essaimage, la colonie qui
s'apprête à essaimer fait entendre un bourdonnement soutenu, d'abord sourd et profond, puis
de jour en jour plus aigu et plus intense, au point
de devenir perceptible d'une assez grande distance du rucher, et que nous appellerons *bourdonnement d'essaimage*. En même temps, une
partie de la population, qui augmente rapidement,
se groupe d'ordinaire en une massse de plus en
plus volumineuse autour de la porte de la ruche
et au-dessous du tablier, ce qui s'appelle *faire la
barbe*, et quelquefois garnit en outre une certaine étendue de la surface extérieure du panier.

Les bourdons apparaissent, se montrent de plus en plus nombreux vers le milieu du jour et enfin sortent dès avant midi pour voltiger bruyamment aux alentours.

Ces symptômes annoncent d'une manière à peu près indubitable que la colonie essaimera avant peu. Cependant aucun de ces signes n'est d'une certitude absolue ; leur réunion même ne fournit qu'une très-grande probabilité de la sortie prochaine d'un essaim.

91. — D'autre part, il y a des colonies qui essaiment sans avoir fait la barbe, et même sans avoir montré de bourdons à l'extérieur.

92. — On a cru remarquer que, le jour où l'essaim doit partir, le travail de la colonie est moins actif ; que les abeilles sortent et rentrent en moins grand nombre ; que celles qui reviennent chargées de pollen ne se hâtent pas de rentrer dans la ruche, et restent plus ou moins longtemps à la surface du groupe des abeilles qui font la barbe. Mais ces signes sont également incertains et, d'ailleurs, très-difficiles à saisir.

93. — Le seul indice certain qu'une colonie s'apprête à donner plus ou prochainement un essaim primaire, est l'existense dans la ruche d'une cellule maternelle renfermant une jeune mère plus ou moins près d'être operculée.

94. Signe précurseur certain de la sortie d'un essaim secondaire. — La proximité de la sortie d'un essaim secondaire n'est indiquée par aucun des symptômes extérieurs que nous venons de signaler à l'occasion de l'essaim primaire ; mais, en revanche, l'essaim secondaire est toujours annoncé d'une manière sûre, dès la veille ou l'avant-veille, par le *chant de la mère*.

95. Chant de la jeune mère sortie du berceau. — Vingt-quatre heures après qu'une jeune mère est parvenue à l'état d'insecte parfait, elle est libre et s'il existe dans la ruche une ou plusieurs jeunes mères operculées, que les ouvrières l'empêchent de détruire, elle fait entendre à intervalles assez rapprochés de petits cris répétés huit ou dix fois de suite, tel que *tûh, tûh, tûh,...* qu'on peut attribuer à la mauvaise humeur qu'elle éprouve. Ce cri est le *chant de la mère*. On le distingue très-bien le soir, à la nuit close, en appuyant l'oreille contre la ruche, dont on a ôté préalablement le surtout. La colonie où ce chant de la mère se fait entendre donnera à coup sûr un essaim secondaire le lendemain ou le surlendemain, à moins que le mauvais temps ne s'y oppose.

96. — Le chant de la mère semble caractériser complétement l'essaim secondaire. L'essaim pri-

maire ne paraît être précédé d'aucun chant ou
cri analogue; tout au moins, si le fait a lieu, il
est à coup sûr extrêmement rare.

**97. Chant de la jeune mère prisonnière au
berceau.** — Lorsque la jeune mère est retenue
prisonnière au berceau, on l'entend aussi, vingt-
quatre heures après qu'elle est arrivée à terme,
répondre de sa cellule au cri *tûh* de la mère
libre par le cri *quâ* répété de la même façon, et
qui n'est autre chose, sans doute, que le cri *tûh*
modifié par les circonstances dans lesquelles il
est proféré.

L'observation du cri *quâ* dans une souche doit
exciter la sérieuse attention de l'apiculteur,
attendu qu'il est extrêmement probable que
l'essaim qui en sortira le lendemain ou le surlendemain sera accompagné de plusieurs mères;
d'où il résulte que la souche peut, à la suite,
rester orpheline. D'autre part, la présence de
plusieurs mères dans l'essaim le rend généralement très-difficile à recueillir et peut même
déterminer sa fuite. Nous dirons plus loin ce
qu'il convient de faire en pareil cas pour éviter
ces graves inconvénients.

98. — Il résulte de ce qui précède que, lorsqu'une colonie a donné spontanément son essaim
primaire, on ne peut pas y entendre le cri

tûh pour la première fois avant le septième ou le huitième jour qui suit le départ de l'essaim primaire. Quant au cri *quâ*, on l'entend assez fréquemment aussitôt que le cri *tûh* lui-même.

99. Intervalles de temps qui séparent les essaims successifs d'une même colonie. — Lorsqu'une colonie essaime plusieurs fois, le second essaim sort le huitième ou le neuvième jour après le premier ; le troisième, trois ou quatre jours après le second ; le quatrième et le cinquième, le lendemain ou le surlendemain du troisième, etc.

100. Reparon. — On nomme *reparon* un essaim naturel fourni par un essaim de l'année.

Les essaims primaires hâtifs seuls sont assez sujets, dans nos climats, à donner des reparons dans les trois premières semaines de leur installation.

Les reparons sont, comme on voit, de véritables essaims primaires.

SORTIE DE L'ESSAIM

101. Conditions nécessaires pour la sortie de l'essaim. — Pour qu'une ruche essaime spontanément, outre une nombreuse population, la présence d'une mère libre, l'existence d'une

cellule maternelle récemment operculée et la
persistance de la miellée dans la campagne, il
faut, au moment où l'essaim est prêt à partir,
un beau jour et une atmosphère calme ; le temps
froid, le vent, la pluie, s'opposent au départ des
essaims.

102. Heure de la sortie des essaims. — Les
essaims sortent le plus souvent de dix heures du
matin à deux heures de l'après-midi, quelquefois
un peu plus tôt ou un peu plus tard, mais rarement avant neuf heures ou après trois heures.

103. Départ de l'essaim.— Au moment du départ de l'essaim, on voit quelques abeilles sortir rapidement et voltiger avec bruit, en tournoyant,
à une petite hauteur en avant de la ruche ; leur
nombre s'accroît d'instant en instant ; bientôt les
abeilles se précipitent comme un torrent hors de
la ruche et, en quelques secondes, tout l'essaim
est au vol, tourbillonnant dans tous les sens à
quatre ou cinq mètres au-dessus du sol, produisant
un bourdonnement intense et formant un spectacle
singulier, dont il est difficile d'être témoin pour
la première fois sans éprouver une vive émotion.

104. Stationnement de l'essaim. — La plupart du temps l'essaim primaire, accompagné
d'une mère alourdie par le poids de la multitude
d'œufs qu'elle porte dans son sein, ne s'élève

qu'à une faible hauteur, et, s'il y a des arbres ou des arbustes dans un rayon de vingt à trente mètres autour du rucher, les abeilles ne s'éloignent pas davantage. Après cinq ou six minutes d'un vol incertain, quelques-unes d'entre elles se posent sur une feuille ou sur une faible branche, et toutes, y compris la mère, viennent bientôt se rallier au même point, en se suspendant et s'attachant les unes aux autres de manière à former une masse plus ou moins volumineuse pendante en grande partie au-dessous de la branche.

Un bon essaim primaire renferme environ vingt-cinq mille abeilles [et pèse de deux mille à deux mille cinq cents grammes.

105. Durée du stationnemeut. Fuite possible. — L'essaim peut garder cette position, évidemment provisoire, pendant plusieurs heures, s'il est à l'abri du soleil, et même jusqu'au lendemain matin. Souvent, au contraire, au bout d'un temps assez court, il reprend son vol pour aller se poser ailleurs; mais alors, en général, il s'élève davantage, puis part en ligne droite, avec une extrême rapidité, pour ne s'arrêter qu'après avoir parcouru une distance qui est parfois de plusieurs kilomètres, en sorte qu'il est bientôt hors de vue et, la plupart du temps, perdu pour son maître. La loi, en effet, autorise le proprié-

taire d'un essaim à le réclamer et à s'en saisir
tant qu'il n'a pas cessé de le suivre ; mais autrement l'essaim appartient au propriétaire du
terrain sur lequel il s'est fixé.

106. — Aussi l'apiculteur prudent s'empresse-t-
il de recueillir l'essaim dès que celui-ci s'est arrêté
et qu'il n'y a plus qu'un petit nombre d'abeilles
qui voltigent autour de la masse ; les abeilles,
d'ailleurs, sont alors moins disposées à piquer
qu'après un stationnement prolongé à la place
où elles se sont posées.

107. — Lorsqu'il s'agit d'un essaim secondaire,
dont la mère est encore d'un poids léger, et surtout lorsqu'il est accompagné de plusieurs mères,
ce qui est assez fréquent, il arrive souvent que
les abeilles font successivement plusieurs stations
très-courtes, ou se partagent en plusieurs petites
masses plus ou moins éloignées les unes des
autres, ce qui les rend difficiles à mettre en ruche,
ou même s'élèvent beaucoup dès leur sortie et
s'éloignent de l'apier sans s'être arrêtées une première fois dans son voisinage. Ce dernier accident
peut également se produire à l'occasion d'un
essaim primaire ; mais le fait est assez rare.

**108. Moyens à employer pour faire poser
l'essaim.** — Pour faire poser un essaim qu'on
appréhende de voir s'éloigner, on projette sur les

abeilles, avant qu'elles s'élèvent sensiblement,
soit de l'eau sous forme de pluie fine, au moyen
d'une éponge ou d'un balai, soit de la terre pulvérisée ou du sable fin. Ce procédé réussit parfaitement; tandis que le bruit de casseroles et de
chaudrons dont on accompagne souvent dans la
campagne le départ des essaims, et qui a pour
but principal d'assurer le droit du propriétaire
sur ses abeilles, semble n'avoir aucun effet pour
empêcher l'essaim de s'enfuir.

MISE EN RUCHE DE L'ESSAIM

**109. Prise de l'essaim dans le cas le plus
ordinaire.** — Pour recueillir un essaim suspendu
à une branche flexible, après s'être revêtu d'un
camail, on approche aussi près que possible au-
dessous des abeilles et sans toucher à la masse
une ruche vide renversée, de manière qu'une
partie de l'essaim se trouve suspendue dans l'intérieur même de la ruche, puis on y fait tomber
l'essaim par une brusque secousse imprimée verticalement à la branche. Ensuite, sans se presser,
on abaisse la ruche près de terre, on la retourne
lentement au-dessus d'une large tablette ou d'un
linge étendu par terre, ou simplement au-dessus
d'un sol uni, et on l'y pose doucement en la fai-

sant appuyer par un de ses bords sur une pierre ou sur tout autre objet qui la maintienne un peu soulevée d'un côté.

Pendant le mouvement lent imprimé à la ruche pour la retourner, un grand nombre d'abeilles se sont cramponnées à ses parois intérieures et y restent fixées, tandis que les autres roulent sur la tablette, le linge ou le sol et s'y répandent en s'apprêtant à s'envoler ; mais le fort bruissement que font entendre celles de l'intérieur, leur fait faire aussitôt volte-face et les rappelle peu à peu, ainsi que celles qui voltigent encore aux alentours.

On recouvre alors le panier d'essaim d'un surtout, pour préserver les mouches de la chaleur du soleil ; puis on se hâte d'enfumer fortement la place où l'essaim s'était posé, afin d'en chasser les abeilles qui y seraient restées et de les empêcher d'y revenir.

110. Transport de l'essaim au rucher. — Un quart d'heure, une demi-heure au plus, après la mise en ruche de l'essaim, on le porte à la place qu'il doit occuper sur le rucher, sans tenir compte des quelques abeilles, au nombre d'une vingtaine peut-être, qui n'y seraient pas rentrées, au lieu d'attendre au soir ou au lendemain matin pour effectuer ce transport, comme le font quelques personnes.

111. — On a souvent remarqué, en effet, au temps de l'essaimage, que quelques abeilles semblent faire des recherches dans les environs du rucher comme pour reconnaître les cavités qui pourraient servir à loger une colonie, et il n'est pas rare de voir des essaims se rendre sans hésitation dans des trous de murailles ou d'arbres creux, ou dans des ruches vides, montrant ainsi que les abeilles avaient d'avance choisi ces logements, Or, bien que la plupart du temps l'essaim ne paraisse pas avoir pris de précaution de cette nature avant de partir, il peut se faire qu'il s'en soit détaché, au moment où il s'est posé, quelques émissaires pour aller à la recherche d'une habitation ; il est donc important que ceux-ci, qui pourraient à leur retour déterminer l'essaim à quitter la ruche, ne puissent le rejoindre.

112. — D'autre part, à peine l'essaim est-il installé dans la ruche qu'on lui a donnée, que déjà des butineuses vont aux provisions, non sans avoir pris la précaution d'examiner attentivement et de fixer dans leur mémoire la position de leur nouvelle demeure, afin de la retrouver sans difficulté. Mais le lendemain, ces mêmes butineuses ne prennent plus la même précaution, qui doit

leur sembler inutile, en sorte que, si l'essaim a
été porté le soir au rucher, au lieu de revenir à la
nouvelle place de l'essaim, elles se rendent naturellement à celle qu'il occupait la veille. C'est
ainsi que, pendant les deux jours qui suivent la
prise d'un essaim, on voit des abeilles en plus ou
moins grand nombre voltiger du matin au soir
près du lieu où il a stationné. On peut croire
que ces abeilles finissent par retourner à leur
souche ; mais rien ne prouve que beaucoup
d'entre elles ne périssent pas sans avoir retrouvé
ni la souche ni l'essaim. Le prompt transport de
l'essaim au rucher a pour effet de diminuer cet
inconvénient sinon de l'éviter entièrement.

**113. Cas où l'essaim s'est posé sur une sur-
face inébranlable.** — Lorsque l'essaim, au lieu
de s'arrêter sur une branche flexible, s'est posé
sur un mur, sur un tronc d'arbre ou à la jonction
de deux fortes branches, ou sur toute autre surface inébranlable, on peut l'en détacher au
moyen d'un plumeau formé d'une aile de volaille,
et le faire tomber dans la ruche vide, ou bien,
s'il n'est pas possible de disposer convenablement
celle-ci au-dessous des abeilles, on peut faire
tomber par portions l'essaim dans une corbeille
peu profonde munie d'un manche, et secouer
chaque fois les abeilles dans la ruche vide.

L'opération se fait sans beaucoup de difficulté et réussit très-bien.

114. Cas où les abeilles ne peuvent être déplacées par une force étrangère. — Lorsqu'il n'est pas possible de faire tomber les abeilles dans la ruche vide, on dispose celle-ci au-dessus et très-près de l'essaim, l'ouverture dirigée par en bas, et l'on y conduit les abeilles au moyen de la fumée, ce à quoi l'on parvient en y mettant la douceur et la patience nécessaires. Mais il est à remarquer que, lorsque l'essaim est recueilli de cette façon, il est beaucoup plus disposé à déserter la ruche que lorsqu'on l'y a fait tomber brusquement. Aussi a-t-on conseillé de le secouer dans une autre panier, dès qu'il s'est réuni dans la ruche, ou de le secouer à terre et de le recouvrir immédiatement de son panier, où il remonte aussitôt ; cette opération très-simple semble avoir pour effet de lui ôter toute velléité de prendre un nouvel essor.

115. Moyen de faire choisir à l'essaim une station commode pour la facilité de sa mise en ruche. — On a remarqué que, tandis que l'essaim est au vol, il suffit souvent de fixer sur une jeune branche d'un arbuste voisin un fragment de rayon de couleur un peu rousse, pour le déterminer à venir y stationner. Il est vraisemblable que c'est la couleur de ce rayon qui attire les abeilles, en leur faisant croire à distance que déjà quelques-unes de leurs compagnes se sont posées en ce point. Il convient de ne pas négliger ce moyen si simple d'éviter que les abeilles, abandonnées à leur propre impulsion, choisissent une station qui rendrait leur mise en ruche difficile.

116. Essaim qui quitte la ruche. — Il arrive quelquefois qu'un essaim quitte la ruche dans laquelle il a été logé, soit le jour même qu'il a été recueilli, soit, plus rarement, le lendemain ou plusieurs jours après. Dans le but d'éviter cet accident, on frotte préalablement les parois de la ruche où il s'agit de loger un essaim, avec une poignée de thym, de romarin ou de feuilles de fèves, ou bien on en mouille légèrement le fond avec de l'eau salée ou miellée ; mais l'efficacité de ces moyens, dont le dernier semble être le plus rationnel, n'est pas d'une certitude absolue. Si le fait dont il s'agit se produit, on en est quitte pour recueillir de nouveau l'essaim et le loger dans un autre panier.

117. Essaims qui se réunissent. — Lorsque plusieurs essaims sortent en même temps ou presque en même temps, ce qui a lieu assez fréquemment dans les ruchers un peu nombreux, ces essaims se mélangent presque toujours entre eux et viennent se poser au même point, où ils ne forment plus qu'une seule masse. On voit par là combien il importe que l'apiculteur recueille chaque essaim aussitôt qu'il s'est arrêté et le porte sans perdre de temps au rucher, afin d'empêcher qu'un autre essaim ne vienne se mêler avec lui. Lorsque deux essaims seulement se sont ainsi réunis, il vaut mieux, en général, les recueillir et les laisser ensemble que de chercher à les séparer : l'une des deux mères est tuée la nuit suivante, et les deux essaims forment une seule colonie pourvue d'une forte population, et par conséquent, ayant la plus grande chance possible de constituer une excellente ruchée.

118. Moyen de séparer des essaims qui se sont réunis. — On peut néanmoins, sans trop de difficulté, séparer des essaims qui se sont réunis; il faut pour cela parvenir à placer les deux mères dans deux paniers différents et à équilibrer sensiblement les populations. A cet effet, le soir même de la prise du double essaim, et une heure environ avant le coucher du soleil, après avoir légèrement enfumé les abeilles, on les secoue entre deux ruches vides placées à une petite distance l'une de l'autre sur un drap étendu par terre. Les abeilles se dirigent vers ces ruches sans prendre le vol, et alors on couvre chaque mère, dès qu'on l'aperçoit, d'un verre renversé ; il faut être très-attentif, parce que les mères sont assez difficiles à distinguer des autres abeilles en pareil cas et qu'elles marchent très-vite. Si l'on ne réussit pas dans une première tentative à séparer les mères l'une de l'autre, on recommence aussitôt le travail, qui est beaucoup moins difficile qu'il ne le semble au premier abord ; les abeilles se montrent d'une patience extrême dans cette circonstance. On met ensuite une mère sous chaque panier, puis on rapproche ou l'on éloigne plus ou moins et successivement l'un ou l'autre panier de manière qu'il y entre un plus ou moins grand nombre d'abeilles, afin de rendre les populations à peu près égales. Enfin on place ces paniers au rucher à une assez grande distance l'un de l'autre.

On opère d'une manière analogue lorsqu'il s'agit de séparer les uns des autres un plus grand nombre d'essaims, ou simplement d'enlever les mères surnuméraires d'un essaim secondaire, soit pour en disposer, soit pour les détruire.

119. **Essaim qui rentre dans sa souche.** — Quelquefois un essaim, après avoir voltigé pendant quelques minutes, rentre dans la ruche mère, sans s'être posé ou après s'être posé pendant quelques instants. Cela tient ou à ce que la mère n'est pas sortie, ou à ce qu'elle est rentrée, ou enfin à ce qu'elle s'est perdue. Si la mère n'est pas sortie ou si elle est rentrée, l'essaim repartira le même jour ou le lendemain avec sa mère ; mais si celle-ci est retenue dans la ruche par l'impossibilité de voler, par exemple, ou parce qu'elle y a été emprisonnée à dessein par l'apiculteur, l'essaim pourra sortir et rentrer ainsi plusieurs fois le même jour et le jour suivant. Enfin, si la mère s'est perdue, soit parce que ne pouvant voler elle est tombée sur le sol du rucher et que les abeilles n'ont pas reconnu sa trace, soit parce que pendant son vol elle a été victime de quelque accident, l'essaim, s'il se produit de nouveau, ne sortira que le huitième ou le neuvième jour après cette première tentative d'émigration et sera accompagné d'une jeune mère : ce sera dès lors un essaim secondaire.

120. — Lors de la sortie d'un essaim, si la mère ne peut pas voler, on peut souvent l'apercevoir à terre en s'approchant de la ruche au moment du départ de l'essaim. Il faut alors la prendre avec la main, sans crainte d'être piqué, mais aussi délicatement que possible pour ne point la blesser, et la porter sur un groupe d'abeilles de l'essaim qui se seraient déjà posées,

ce qui attire tout l'essaim au même point, ou préférablement, la déposer dans un panier vide et mettre aussitôt ce panier à la place de la souche, en éloignant celle-ci à quelques mètres de distance, et l'essaim viendra bientôt l'y retrouver. Puis, quand l'essaim se sera réuni dans ce panier, on le portera à la place qu'on lui destinait sur le rucher, et l'on remettra la souche à sa place primitive.

121. Essaim qui pénétre dans une autre colonie. — Parfois un essaim, au lieu de rentrer dans sa souche, se précipite dans une ruche habitée par une autre colonie, parce que, sans doute, la mère elle-même y est entrée par erreur. Lorsqu'il en est ainsi, si en soulevant aussitôt la ruche envahie on n'y trouve pas immédiatement cette mère étrangère dans un petit groupe d'abeilles qui la pressent, pour l'enlever instantané-ment et la poser au premier point venu où l'essaim la retrouvera aisément, la seule chose à faire est, sans perdre un moment, d'enfumer fortement cette ruche pour y déterminer, pendant dix ou quinze minutes, un bruissement général et pro-longé, à la suite duquel les deux populations res-teront réunies sans combat ultérieur, bien qu'il se soit d'abord engagé entre elles une bataille meurtrière qui, en quelques minutes, a couvert le sol de plusieurs centaines de cadavres.

122. Reconnaître la souche d'un essaim. — Il peut être intéressant, dans certains cas, de savoir reconnaître de quelle ruche est parti un essaim que l'on n'a pas vu sortir. Il suffit pour cela d'enfermer pendant quelques minutes un certain nombre d'abeilles de l'essaim dans une petite boîte où l'on a mis une pincée de farine, et où elles se colorent en blanc, puis de leur laisser la liberté de s'envoler après que l'essaim a été changé de place ; plusieurs d'entre elles, si ce n'est toutes, ne retrouvant pas l'essaim, reviendront à leur souche et dévoileront ainsi leur origine d'une manière indubitable. Ce moyen doit être appliqué le jour même ou, au plus tard, le lendemain du départ de l'essaim, après quoi son efficacité devient complétement nulle.

NOMBRE DES ESSAIMS DUS A L'ESSAIMAGE NATUREL

123. Différence entre les colonies relativement au nombre des essaims. — On compte généralement dans le rucher un certain nombre de colonies qui n'essaiment pas ; d'autres qui donnent un essaim, et quelques-unes qui donnent

deux essaims. Les grandes ruches essaiment moins
que les petites.

124. — Il est heureusement assez rare qu'une
colonie donne plus de deux essaims. La multi-
plicité des essaims, en effet, ruine la souche,
non-seulement à cause de la diminution de
population qui en résulte pour celle-ci, mais
encore à cause de la diminution de son approvisionnement, attendu que les abeilles de chaque
essaim se gorgent de miel avant de partir et
emportent ainsi des vivres pour un espace de
temps qu'on évalue à *trois jours*. De plus, les
derniers essaims, qui sont généralement très-
petits et qui se produisent à une époque où l'abondance du miel dans les fleurs est considérablement amoindrie, ne sont pas viables.

125. Modérer l'essaimage. — On retarde, on
empêche même l'essaimage primaire en augmentant, quelques jours avant le commencement
de la miellée, la capacité des ruches au moyen
de hausses, que l'on place dessous, ou de calottes
que l'on place dessus. Du reste, si un essaim
vient à se produire ensuite, il est ordinairement très-fort et, par conséquent, il a toutes
les chances possibles de réussir ; de plus, comme
la saison de l'essaimage est alors plus avancée,

il est très-probable que la souche ne donnera pas
de second essaim.

**126. Empêcher la sortie de l'essaim secon-
daire.** — Tandis qu'il est rarement avantageux
d'empêcher ou même de retarder les essaims primaires, il importe au contraire, la plupart du
temps, d'empêcher la sortie des essaims secondaires, pour un assez grand nombre de raisons,
savoir : 1°, parce qu'ils affaiblissent la souche,
sous le double rapport de la population et de
l'approvisionnement ; 2°, parce qu'ils n'ont pas
toujours le temps de faire leurs vivres ; 3°, parce
qu'on court le risque de les perdre au moment
du jet, et 4°, parce que, à la suite du départ de
l'essaim secondaire, la souche peut rester orpheline.

127. Décapitation des bourdons. — Or
l'agrandissement de la capacité de la ruche après
la sortie de l'essaim primaire ne semble avoir
aucun effet pour empêcher l'essaim secondaire ;
mais on a remarqué que si, le jour de la
sortie de l'essaim primaire ou le lendemain, on
passe une lame de couteau sur les alvéoles de
bourdons operculés, de manière à en enlever ou à
en déchirer seulement les opercules, ce qui détermine les abeilles à jeter hors de la ruche toutes
les chrysalides atteintes, les chances de la sortie

d'un essaim secondaire sont fortement diminuées par suite de cette opération, qui a reçu le nom de *décapitation des bourdons au berceau*. En tout cas, cette opération a l'avantage de détruire beaucoup d'individus destinés à nuire à la colonie en consommant sans produire.

128. — On peut néanmoins empêcher à coup sûr la sortie de l'essaim secondaire. Le moyen consiste, à partir du moment où le cri *tûh* se fait entendre dans la souche, à en garnir l'entrée, de dix heures du matin à trois heures de l'après-midi, le lendemain et les jours suivants, d'un grillage dont les mailles soient assez grandes pour laisser passer les ouvrières et trop petites pour laisser passer la mère, de telle sòrte que l'essaim sera obligé de rentrer à la souche chaque fois qu'il essaiera de se former au dehors. Au bout de deux ou trois jours, toutes les jeunes mères prisonnières auront été détruites, la mère libre aura cessé de chanter, et la colonie ne pourra plus essaimer. — Le principal inconvénient de ce procédé consiste dans la possibilité de l'encombrement de la grille par les bourdons cherchant à sortir; mais cet encombrement sera d'autant moins à craindre qu'on aura eu soin d'en détruire un plus grand nombre par la décapitation au berceau, répétée au besoin.

Lorsque nous aurons appris à extraire un essaim artificiel, nous ferons connaître un autre moyen d'éviter les inconvénients de la sortie spontanée d'un essaim secondaire.

RÉUNION DES ESSAIMS FAIBLES OU TARDIFS

129. Impossibilité de garder isolément tous les essaims. — Dans beaucoup de localités où la miellée dure peu, le second essaim vient trop tard, bien souvent, pour avoir le temps de faire ses provisions d'hiver ; à plus forte raison les essaims ultérieurs, lorsqu'il s'en produit, sont-ils condamnés à périr si l'apiculteur se contente de recueillir et de loger isolément tous ses essaims. On tire parti des essaims faibles ou tardifs en les réunissant en nombre variable, soit entre eux de manière à former de fortes populations capables d'amasser leurs vivres avant la mauvaise saison, soit à d'autres colonies. Les réunions s'effectuent toujours le soir, quelques instants avant la nuit.

130. Réunion d'essaims du jour. — Pour réunir entre eux deux essaims du jour, il suffit, le soir même de leur mise en ruche, de les enfumer légèrement et de secouer l'un dans le panier occupé par l'autre, ou bien de secouer les deux

5*.

essaims sur une planchette ou sur un terrain uni et de recouvrir la masse de l'un des deux paniers, dans lequel toutes les abeilles remontent ensemble. L'une des deux mères est tuée pendant la nuit suivante et les deux essaims forment une seule famille.

On peut réunir ainsi, en même temps, trois ou un plus grand nombre d'essaims du jour.

131. Réunion d'un essaim du jour à une ancienne colonie. — Pour réunir un essaim du jour à une ancienne colonie, dont les gâteaux sont résistants, on enfume assez fortement les deux populations, et surtout la colonie, qui doit recevoir l'essaim ; on renverse cette dernière, et on y fait tomber l'essaim par deux ou trois secousses successives ; après quoi on la remet simplement en place, et on y lance encore quelques bouffées de fumée pour y prolonger le bruissement et assurer ainsi la réunion.

132. Réunion d'un essaim du jour à un essaim de quelques jours. — Enfin, s'il s'agit de réunir un essaim du jour à un essaim déjà logé depuis vingt-quatre heures ou davantage, il faut se garder de renverser ce dernier, afin de ne pas briser ses jeunes gâteaux, qui sont d'une fragilité extrême. On devra, après avoir enfumé les deux essaims, et le plus âgé plus fortement,

secouer l'essaim du jour sur une surface unie,
puis le recouvrir de la ruche qui contient l'autre,
en posant celle-ci sur trois points saillants
qui la tiennent un peu soulevée, et enfin
forcer les abeilles du premier à monter vers
celles du second, au moyen de la fumée, dont on
prolongera l'emploi assez longtemps pour obtenir un fort bruissement dans la ruche, condition
indispensable pour le succès de l'opération.

, **133. Réunion des reparons.** — Les reparons
n'ayant pas plus de probabilité de réussir, vu la
saison avancée, que les autres essaims tardifs, on
devra en général les réunir de même à d'autres
essaims ou à d'anciennes colonies.

FIN DE L'ESSAIMAGE

**134. Signes indiquant la fin effective de l'es-
saimage.** — Quoique la saison de l'essaimage ne
soit rigoureusement close que lorsque les colonies ont détruit leurs bourdons, il arrive souvent
qu'il est terminé de fait plusieurs semaines avant
le massacre des bourdons. Il est donc utile de
connaître quelques signes qui, pendant le cours
de l'essaimage, peuvent donner la certitude qu'il
n'y a plus d'essaims à attendre de telles ou telles
colonies.

Toute colonie qui a fait entendre le *bour-donnement d'essaimage* dont nous avons parlé, et chez laquelle, sans qu'elle ait donné d'essaim, le bourdonnement a changé de nature en devenant sensiblement plus grave et moins intense, a renoncé à essaimer; l'apiculteur le moins exercé distingue aisément la différence de ces deux sortes de bourdonnements lorsqu'il a eu l'occasion de l'observer une première fois. D'autre part, toute ruche dans laquelle le chant de la mère ne se produit pas le huitième ou le neuvième jour après la sortie naturelle de son premier essaim, ou dans les quatre ou cinq premiers jours qui suivent la sortie du second, a cessé d'essaimer. Enfin toute ruche qui a essaimé et au pied de laquelle on trouve des cadavres de jeunes mères, a également cessé d'essaimer.

On comprend aisément que ces signes ne présentent de certitude que dans les climats où, comme dans le nôtre, il n'y a chaque année qu'une saison assez courte pendant laquelle la miellée soit abondante, et qu'il n'en est plus de même dans les contrées chaudes où, les fleurs se succédant en grande quantité durant une grande partie de l'année, une période d'essaimage est immédiatement suivie, sans interruption sensible, d'une nouvelle période d'essaimage.

135. Aspect des colonies après l'essaimage effectif. — Les signes indiquant la fin de l'essaimage, que nous avons mentionnés dans le numéro précédent, sont d'autant plus importants à observer que, pendant le temps qui s'écoule à la suite de l'essaimage effectif et avant le massacre des bourdons, beaucoup de ruches continuent de faire la barbe et de bourdonner assez fortement le jour et la nuit, et que les ouvrières et les bourdons, voltigeant en grand nombre pendant le jour, produisent une bruyante agitation autour et au-dessus des ruches ; en sorte que, les colonies paraissant toujours sur le point de donner des essaims, on serait exposé à prolonger inutilement le surveillance du rucher.

136. Vol tumultueux des abeilles au-devant de leurs ruches. — Cependant, la production du miel dans la campagne diminuant de plus en plus, l'agitation et le bruit cessent peu à peu dans le rucher, les allées et venues des abeilles deviennent rares et les bourdons sont chassés ou mis à mort. Mais dans l'après-midi, lorsqu'il fait beau, les abeilles de chaque colonie sortent en grand nombre et voltigent avec bruit au-devant de leur ruche, sans s'en éloigner, et la tête tournée du côté de l'entrée de la ruche, comme pour prendre l'air et pour se donner un peu d'exercice. Ce *vol tumultueux*, qui dure environ vingt à vingt-cinq minutes pour chaque colonie, s'observe aussi dans les autres saisons lorsqu'un beau jour succède à une série de jours pendant lesquels les abeilles ont été retenues dans leurs habitations par le froid ou le mauvais temps.

On voit souvent dispersées sur le sol, à la suite du vol tumultueux, un certain nombre d'abeilles infirmes qui ont tenté vainement de prendre leur essor comme les autres, et qui sont ainsi éliminées des colonies.

CHAPITRE IV

ESSAIMS ARTIFICIELS

ESSAIMAGE ARTIFICIEL

137. Essaim forcé ou anticipé. — On fait un
essaim forcé ou *anticipé* lorsque, d'une ruche
possédant de jeunes mères au berceau à l'état
d'œufs ou de vers, on extrait la mère libre et
une partie de la population pour en faire une
colonie séparée.

138. Essaim artificiel. — L'essaim est dit *artificiel* lorsque son extraction est pratiquée avant
que la ruche possède du couvain maternel, ce
qui détermine les abeilles qui restent dans la
souche à se créer artificiellement une mère au

moyen du couvain d'ouvrières qu'elles ont à leur disposition.

On confond souvent dans le langage ces deux sortes d'essaims sous la dénomination commune d'*essaims artificiels.*

EXTRACTION D'UN ESSAIM ARTIFICIEL

139. Procédé du tapotement. — Les ruches en vannerie ou en paille, en forme de cloche, se prêtent parfaitement à l'essaimage artificiel par le procédé du *tapotement,* que nous allons décrire.

On opère au moment où beaucoup d'abeilles sont aux champs, entre neuf heures du matin et deux ou trois heures de l'après-midi; mais la matinée est préférable. Après avoir enfumé les abeilles pour les mettre en bruissement, on enlève la ruche, on l'établit solidement à une certaine distance et à l'ombre, dans une position renversée, soit sur le sol, soit sur un support quelconque, et on pose aussitôt sur son ouverture la ruche vide où l'on veut loger l'essaim. Il n'est pas indispensable que les bords des deux ruches se joignent exactement, ni nécessaire d'entourer leur jonction d'un linge pour empêcher les abeilles de sortir, attendu que très-peu

d'entre elles cherchent à s'échapper si elles ont
été enfumées convenablement; toutefois il est
préférable qu'elles ne puissent sortir, afin qu'aucune d'elles ne vienne gêner l'opérateur. Puis
on se hâte de mettre à la place de la ruche enlevée une ruche vide, que l'on recouvre du surtout
de la première, pour faire prendre patience aux
abeilles qui reviennent des champs et qui, sans
cette précaution, seraient tentées d'entrer dans
les ruches voisines, où elles seraient tuées.

Ensuite on s'assied devant la ruche à opérer et
on en tapote extérieurement les parois, d'abord
près du sommet, puis vers la partie moyenne, soit
avec les mains, soit avec deux petits bâtons de la
grosseur du doigt et longs de trente-cinq à quarante centimètres. Après quelques minutes d'un
tapotement continu, on entend un fort bourdonnement dans la ruche inférieure et, plus tard,
dans la ruche supérieure, lequel indique la
marche des abeilles. Après quinze ou vingt minutes de tapotement, presque toutes les abeilles
sont montées dans la ruche supérieure, et l'on
peut, en soulevant cette dernière avec précaution, pour ne pas faire tomber les abeilles, y
jeter les yeux pour apprécier le point où en est
arrivée l'opération.

Lorsque l'on juge que la ruche supérieure contient une suffisante quantité d'abeilles, on l'enlève sans secousse, on la pose provisoirement sur un plateau bien net placé sur le sol, et on reporte la souche à sa place, pour qu'elle reçoive les abeilles qui sont revenues des champs, et qui se hâtent d'y rentrer.

140. Faire plusieurs essaims artificiels à la fois. — On peut opérer sur plusieurs ruches à la fois. Pour cela, on les met dans une position renversée, sur un même châssis de bois suspendu horizontalement au moyen de quatre cordes, attachées à ses quatre angles, et fortement tendues vers quatre points fixes, de telle sorte qu'il ne reste au châssis qu'une très-faible mobilité due à l'élasticité des cordes; on recouvre chaque ruche d'un panier vide, on garnit d'un linge la jonction des bords de chaque couple de ruches pour que les abeilles ne s'échappent pas, pendant l'opération, et, après avoir lié solidement le tout au châssis, on exécute avec un bâton sur les côtés de ce dernier un tapotement, assez fort, qui se transmet aux ruches et qui détermine, comme dans le cas précédent, les abeilles à se déplacer.

141. Signes de la présence de la mère dans l'essaim artificiel. — L'essaim artificiel n'étant réussi qu'autant que la mère en fait partie, il importe avant tout de s'assurer de la présence de la mère dans l'essaim. Lorsque la mère n'est pas montée avec les abeilles, celles-ci s'en aperçoivent assez vite ; au bout de dix à quinze minutes, on les voit sortir successivement pour retourner à leur souche, et une heure ou deux heures après il ne reste plus rien dans le panier d'essaim, si ce n'est parfois de toutes jeunes abeilles incapables de voler, qu'il faut se hâter, pour qu'elles ne périssent pas, de rendre à la ruche mère, ce qui se fait en les secouant sur une large planche placée horizontalement au-devant de celle-ci et disposée de manière qu'un de ses bords vienne affleurer l'entrée de la ruche ; les jeunes abeilles sont attirées par celles de leur colonie, qu'elles reconnaissent, et rentrent sans hésitation et en peu d'instants dans la ruche natale. Mais si, une demi-heure au plus après l'extraction de l'essaim artificiel, les abeilles sont tranquilles dans le panier d'essaim, la mère est certainement avec elles, et l'essaim est réussi.

142. — Lorsqu'il s'agit d'un essaim primaire, on est renseigné plus tôt sur la présence de la mère dans l'essaim. En effet, pressée de pondre, la mère laisse échapper des œufs, et l'on peut, au bout de dix minutes, voir quelques-uns de ces œufs qui sont tombés sur le plateau de l'essaim, ce qui est un signe indubitable de la présence de la mère. — On n'a pas la même ressource dans le

cas d'un essaim secondaire, parce qu'une jeune mère ne pond pas avant le dixième ou le onzième jour qui suit son arrivée à l'état d'insecte parfait, et que l'essaim secondaire artificiel est toujours nécessairement extrait avant l'expiration de ce terme.

143. — Lorsque l'essaim artificiel a été manqué, ce qui arrive très-rarement, on peut recommencer l'opération le même jour ou le lendemain.

PROCÉDÉS A SUIVRE POUR L'INSTALLATION DE L'ESSAIM ARTIFICIEL

144. Différence essentielle entre l'essaim naturel et l'essaim artificiel. — Installation de l'essaim. — Il est important de remarquer que l'essaim artificiel ne saurait être mis, comme l'essaim naturel, à telle place qu'on voudra sur le rucher. En effet, tandis que les abeilles d'un essaim naturel n'ont aucune tendance à revenir à leur souche, un grand nombre de celles de l'essaim artificiel qui sortiraient le lendemain pour le travail, retourneraient à leur place habituelle, resteraient à la souche, et seraient perdues pour l'essaim; en sorte que ce dernier, réduit à une population minime, n'aurait aucune chance de

prospérer. On devra donc employer à l'égard de
l'essaim artificiel un procédé d'installation propre
à éviter l'inconvénient dont il s'agit. Il en existe
quatre, indépendamment de celui qui consiste à
secouer l'essaim sur le sol et à le recouvrir aussitôt de son panier pour qu'il y remonte, pratique
à la suite de laquelle il se comporte, dit-on,
comme un essaim naturel. Nous désignerons
ces quatre procédés par des noms spéciaux,
pour mieux fixer les idées, savoir : 1° le procédé *par éloignement;* 2° le procédé *par rap-*
prochement; 3° le procédé par *remplacement*
simple; 4° le procédé *par double remplace-*
ment.

145. Procédé par éloignement. — Le soir
même de l'extraction de l'essaim artificiel, on le
transporte dans un autre rucher situé à une distance de trois ou quatre kilomètres, et là, les
abeilles qui le composent étant complétement
dépaysées, il se comporte véritablement comme
un essaim naturel. Quant à la souche, elle garde
sa place ; elle se fait une mère ; sa population
augmente chaque jour par l'arrivée à terme du
couvain qu'elle possède, et si on lui a retiré une
bonne partie de ses abeilles pour former l'essaim artificiel, il est probable qu'elle ne donnera
pas spontanément de nouvel essaim. Ce procédé

est excellent, mais il nécessite la possession de deux ruchers suffisamment éloignés l'un de l'autre.

146. Procédé par rapprochement. — On met, le soir de l'opération, l'essaim près de sa souche et on déplace un peu celle-ci de manière que les deux ruches soient à peu près à la même distance de la place occupée jusque-là par la souche; puis, le lendemain et le jour suivant, on éloigne ou on rapproche successivement l'une ou l'autre ruche de la place primitive de la souche, suivant que les abeilles entrent en plus ou moins grand nombre dans l'une ou dans l'autre, de telle sorte que les deux ruches restent en définitive peuplées convenablement. Ce second procédé a malheureusement l'inconvénient d'exiger que le propriétaire ait assez de loisir pour observer longuement ses abeilles, afin d'opérer judicieusement ces déplacements successifs.

147. Procédé par remplacement simple. — Le soir de l'opération ou seulement le lendemain matin, on met l'essaim à la place de la souche, on lui donne même le surtout de la souche, et on porte celle-ci à une place vacante distante de plusieurs mètres de celle qu'elle occupait. Il résulte de ce remplacement de la souche par l'essaim que ce dernier reçoit pendant une couple de jours

des abeilles de la souche, sans perdre aucune des
siennes, et, par conséquent, se trouve dans d'ex-
cellentes conditions sous le rapport de la population. Quant à la souche, on remarque que, pendant les deux premiers jours, il n'y rentre
presque aucune abeille, puis on n'en voit plus
aucune, pour ainsi dire, y entrer ni en sortir, et
ce n'est qu'au bout de quatre ou cinq jours que
le mouvement d'aller et de retour des abeilles s'y
reproduit progressivement. Il est donc hors de toute
probabilité que cette souche donne spontanément
un nouvel essaim ; mais le couvain qu'elle possède
éclot journellement ; trois semaines après l'extraction de l'essaim artificiel, elle paraît aussi
peuplée qu'auparavant, et définitivement elle
reste en bon état. Ce procédé, qui est plus
facile et plus prompt que chacun des deux précédents, donne donc de très-bons résultats ; la
souche, toutefois, perd pour la récolte les quatre
ou cinq jours pendant lesquels son activité a
paru presque complétement anéantie : c'est l'essaim qui en a profité.

148. Procédé par double remplacement. —
Ce quatrième procédé est fondé sur une particularité importante à noter, savoir, qu'une colonie
qui a été récemment privée de sa mère, accepte
sans difficulté les abeilles étrangères pendant les

premiers jours de son orphelinage. Il consiste à mettre, comme dans le cas précédent, l'essaim à la place de la souche, mais la souche à la place d'une ruche forte en population et en provisions, et enfin celle-ci à une place vacante, ce qui constitue un double remplacement. On voit aisément ce qui se passe dans les trois ruches : l'essaim reçoit des abeilles de la souche et la souche en reçoit de la ruche forte dont elle a pris la place ; la ruchée forte perd seule une bonne partie de sa population ; mais, comme elle possède une mère en pleine activité, un nombreux couvain et d'abondantes provisions, elle se refait rapidement avec la plus grande facilité.

149. Probabilité d'un essaim secondaire à la suite de l'emploi du procédé du double remplacement. — La souche, qui a été mise à la place de la ruchée forte, est donc repeuplée instantanément, pour ainsi dire, et elle voit, en outre, le nombre de ses habitants s'accroître rapidement par suite de l'arrivée à terme de son nombreux couvain ; en sorte que, contrairement à ce qui a lieu généralement dans les trois cas précédents, cette souche donnera presque infailliblement un essaim secondaire dès qu'elle aura une jeune mère capable de voler, c'est-à-dire, du huitième au quatorzième ou au quinzième jour

après l'extraction de l'essaim primaire, suivant
que, au moment de cette opération, la ruche possé-
dait du couvain maternel plus ou moins avancé, ou
bien n'avait pas de couvain maternel. Du reste, cet
essaim secondaire sera annoncé, comme toujours,
par le chant de la mère ; d'où il résulte que si ce
chant ne se produit pas dans l'intervalle du
septième au quatorzième jour après l'extraction
de l'essaim primaire, on sera assuré que la
souche ne donnera pas d'essaim secondaire.

**150. Extraire artificiellement cet essaim
secondaire.** — Or, s'il est avantageux, en général, d'empêcher la sortie des essaims secondaires
pour les raisons spécifiées précédemment (N° 126),
il est particulièrement important de ne pas laisser
se produire spontanément l'essaim secondaire,
dans le cas spécial où l'essaim primaire a été extrait avant que la souche possédât du couvain maternel, parce qu'alors, toutes les jeunes mères
artificielles créées par les abeilles arrivant à
terme presque en même temps, (en réalité,
comme nous le dirons plus loin, dans un
intervalle de temps qui n'excède pas quarante-
huit heures), l'essaim secondaire court, plus que
dans toute autre circonstance, le risque d'être
accompagné de plusieurs mères, et la souche de
rester orpheline.

6.

Or, au lieu d'empêcher l'essaim secondaire de se former au dehors, en emprisonnant la mère dans la ruche au moyen d'une grille, comme nous l'avons indiqué (N° 128), alors que nous n'avions encore rien dit de la manière de faire un essaim artificiel, il est de beaucoup préférable d'extraire artificiellement l'essaim secondaire dès le lendemain du jour où la souche fait entendre le cri *tûh* pour la première fois, après quoi on prend à l'égard de cet essaim le parti le plus convenable suivant les circonstances.

151. Parti à prendre à l'égard de l'essaim secondaire artificiel. — Si la saison de la miellée est encore éloignée de sa fin, il est clair que l'essaim secondaire artificiel pourra réussir comme le primaire ; il sera donc avantageux de conserver cet essaim, qu'on mettra à la place de la souche, tandis que celle-ci ira remplacer une colonie forte, que l'on mettra à une place vacante. Mais il sera prudent de fixer dans la souche un gâteau renfermant de jeune couvain d'ouvrières, qu'on prendra dans la ruchée forte, par exemple, pour que la souche puisse se créer une mère si elle n'avait plus de couvain maternel.

152. — Si, au contraire, la miellée est près de finir, on devra rendre l'essaim secondaire artificiel à sa souche, non le jour même, mais seulement le lendemain. L'observation prouve en effet que, lorsque l'essaim est rendu à la souche le jour même de son extraction, il ne manque pas de sortir librement le jour suivant en présentant tous les inconvénients qu'on voulait éviter, tandis que, s'il n'est rendu que le lendemain, toutes les jeunes mères sont détruites à l'exception d'une seule, et dès lors la souche n'est plus en état de donner d'essaim secondaire.

153. Nourrir l'essaim artificiel. — Nous avons vu que l'essaim naturel emporte toujours avec lui une provision de vivres pour un temps qu'on évalue à trois jours ; l'essaim artificiel, au contraire, ne peut emporter aucune provision, bien que quelques abeilles absorbent une petite quantité de miel pendant la durée du tapotement. Si donc, le jour de l'extraction de l'essaim artificiel, le temps devenait mauvais, il conviendrait de donner le soir même à l'essaim un demi-kilogramme ou un kilogramme de nourriture, en employant un des procédés qui seront indiqués plus loin. Du reste, il serait indispensable de venir de même au secours d'un essaim naturel en cas de mauvais temps, dès le second ou le troisième jour après sa sortie.

154. Avantages de l'essaimage artificiel. — L'essaimage artificiel ne présente rien d'imprévu ; l'apiculteur peut le commencer quand il lui plaît, dès que la saison le permet ; il ne cause aucune ou presque aucune fatigue corporelle, supprime les chances de perte d'essaims et, surtout, il est extrêmement favorable à l'extension de l'apiculture en économisant le temps, puisqu'il dispense de l'obligation de garder le rucher, obligation qui rendrait impossible la culture des abeilles à toutes les personnes qui ne peuvent disposer chaque jour que de quelques courts moments de loisir. Il présente donc sous tous les rapports, et spécialement à ce dernier point de vue, de très-grands avantages sur l'essaimage naturel ; mais il exige, en revanche, plus de savoir, c'est-à-dire plus de connaissance réelle de la vie des abeilles.

REMPLACEMENT DES MÈRES

155. Enlever la mère d'une colonie. — Pour enlever la mère d'une colonie, on tire de cette colonie un essaim artificiel par tapotement, on remet la souche à la place qu'elle occupait et on donne à l'essaim une place quelconque peu éloignée de la souche ; puis, le lendemain dans l'après-midi, après qu'un grand nombre d'abeilles de l'essaim, sorties pour butiner, sont retournées à la souche, on vient secouer ce qui reste de l'essaim sur une large planche qu'on a disposée au devant de la souche et mise en contact par un de ses bords avec le tablier de celle-ci. Les abeilles se dirigent vers l'entrée de la souche sans se mettre au vol, et l'on peut facilement s'emparer de la mère en la couvrant d'un verre renversé.

156. Renouvellement de la mère. — Quelques heures après l'enlèvement de la mère d'une colonie, les abeilles s'occupent de s'en créer une autre au moyen du couvain d'ouvrières qu'elles possèdent ou de celui qu'on a dû leur donner par mesure de prudence, et la mère est ainsi renouvelée au bout d'une douzaine de jours. On conçoit qu'il puisse être quelquefois utile de renouveler de cette manière une mère lorsqu'on s'aperçoit qu'elle devient moins féconde.

157. Remplacement de la mère. — Le remplacement de la mère est plus avantageux que son renouvellement.

Si, vingt-quatre heures après l'enlèvement de la mère d'une colonie, on fixe dans la ruche, à sa partie supérieure ou au milieu du couvain, une cellule maternelle operculée, la jeune mère qui en naîtra dans peu de jours succèdera naturellement à l'ancienne mère. Le remplacement est donc plus promptement obtenu

6*.

que le renouvellement et, de plus, on peut ainsi améliorer la colonie en substituant à sa mère une mère de race plus productive.

158. — On peut aussi remplacer la mère d'une colonie, après l'avoir enlevée, par une mère tirée avec quelques abeilles d'une autre ruchée et formant un petit essaim, que l'on réunit par le procédé ordinaire à la colonie rendue orpheline ; mais il est prudent de n'opérer cette réunion que vingt-quatre ou quarante-huit heures après l'enlèvement de la mère que l'on a supprimée, pour être sûr que la nouvelle mère sera acceptée. Ce mode de remplacement s'emploie à la fin d'avril ou au commencement de mai à l'égard des mères dont la fécondité laisse à désirer, sans qu'il en résulte un préjudice bien sensible pour les colonies auxquelles on a emprunté leurs mères.

159. — Lorsque la mère que l'on destine à remplacer celle qui a été enlevée est tout à fait isolée, il est plus difficile de la faire accepter. Il faut l'enfermer dans un petit étui de toile métallique, que l'on fixe au sommet de la ruche ou entre les gâteaux à couvain, où elle est nourrie par les abeilles comme une prisonnière au berceau, détruire tous les alvéoles maternels que les abeilles édifient successivement pendant plu-

sieurs jours à la suite de la disparition de leur
première mère, et enfin ne donner la liberté à la
prisonnière que lorsque la ruche ne contient plus
ni alvéole maternel ni couvain transformable, car
jusque-là, le succès n'est pas certain.

160. — Le remplacement se fait, au contraire,
en un instant si, après avoir asphyxié momenta-
nément(voyez asphyxie momentanée) les abeilles
de la colonie, sans asphyxier la mère nouvelle,
on place celle-ci au milieu d'elles au moment où
elles reprennent leurs sens. La nouvelle mère est
alors acceptée au détriment même de l'ancienne
si l'ancienne a subi l'asphyxie momentanée avec
les abeilles de sa colonie.

161. Moyen de se procurer des mères. —
On peut se procurer des mères depuis le commencement du printemps jusque près de l'époque
du massacre des bourdons. Pour cela, on
garnit une calotte de rayons, que l'on y *
fixe au moyen de chevilles de bois, en laissant au milieu de la calotte la place d'un rayon ;
si les rayons sont secs, on les remplit de miel
légèrement coulant, en se servant d'une spatule
ou d'une large lame de couteau; et, on met
au milieu de la calotte, à la place du rayon
manquant, un gâteau de jeune couvain d'ouvrières ; puis on place cette calotte sur une ruche

fortement peuplée, munie d'une ouverture à sa partie supérieure. Le lendemain, s'il fait beau, on enlève avant midi cette calotte avec les abeilles qui s'y trouvent en grand nombre, et on la dispose sur un corps de ruche vide largement ouvert par en haut, ce qui forme une nouvelle ruche ; enfin on installe cette nouvelle ruche à la place de la première, en éloignant celle-ci à une certaine distance. Au bout de cinq ou six jours, on trouve sur le rayon médian de la calotte un certain nombre de cellules maternelles, toutes operculées, que l'on peut enlever pour en disposer à volonté. Si on enlève le rayon médian tout entier, on peut le remplacer par un nouveau gâteau de jeune couvain et, cinq ou six jours après, faire une seconde récolte de mères. On peut donc se procurer ainsi de nombreuses jeunes mères de race choisie. De plus, si après la première ou même la seconde récolte de jeunes mères on laisse le rayon médian dans la nouvelle ruche avec un alvéole maternel ou, pour plus de sûreté, avec un couple d'alvéoles maternels, la colonie artificielle ainsi constituée pourra quelquefois faire encore ses vivres et devenir une bonne ruchée pour l'année suivante.

162. Essaims Schirach. — Le procédé qui vient d'être exposé est, comme on le voit,

une véritable méthode d'essaimage artificiel ;
c'est la méthode Schirach, du nom de son
inventeur, qui, vers le milieu du siècle dernier,
découvrit la faculté remarquable que possèdent
les abeilles orphelines de transformer, dans certaines circonstances, des larves d'ouvrières en
mères.

CHAPITRE V

RÉCOLTE DES RUCHES

DES DIVERSES MATIÈRES QU'ON TROUVE DANS LES RUCHES

163. Le miel, le pollen, la propolis, la cire,
telles sont les quatre substances différentes que
l'on rencontre dans les ruches. Les abeilles
recueillent le miel, le pollen et la propolis, mais
elles produisent elles-même la cire.

164. Miel. — Le miel est apporté de la campagne par les abeilles tel qu'elles le trouvent.
Elles le transportent dans leur premier estomac
et viennent le déposer dans leurs alvéoles. Il paraît
certain qu'elles ne font subir au miel, ainsi qu'aux

autres substances sucrées qu'elles recueillent
au dehors et qu'elles emmagasinent de la même
manière, qu'une modification très-faible, tout au
plus une certaine concentration, en le débarras-
sant d'une partie de l'eau en excès qu'il renferme
naturellement et qui le rendrait impropre à être
conservé sans altération dans les ruches, où, d'ailleurs, il éprouve encore une concentration ultérieure. Les abeilles amassent autant de miel
qu'elles peuvent, le mettent en réserve dans les
parties de leurs rayons les plus éloignées de l'entrée de la ruche, et en remplissent les cellules,
qu'elles scellent ensuite d'un couvercle de cire
plat, demi-transparent et très-mince.

Le miel paraît être l'unique nourriture des
abeilles parvenues à l'état d'insecte parfait.

165. Miellée des fleurs.—La principale source
du miel qu'on trouve dans les ruches est la sécrétion, qui se fait naturellement dans les nectaires
des fleurs d'un grand nombre de plantes, d'une
substance sucrée, dont la composition et l'abondance varient suivant la nature des plantes. Le
miel récolté sur le colza et les crucifères est
remarquablement blanc et durcit très-vite ; le
miel qui provient du sainfoin est un peu jaunâtre, d'une saveur délicieuse et lent à se soli-
difier ; celui qui est butiné sur le sarrazin et la

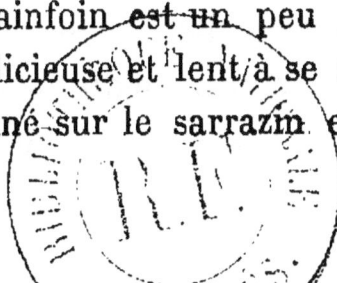

bruyère est d'un roux plus ou moins foncé et a un goût spécial, etc. Les circonstances atmosphériques ont une grande influence sur cette miellée des fleurs : la chaleur, jointe à un certain degré d'humidité, la favorise ; le froid, la sécheresse l'arrêtent complétement ; la pluie, en lavant les fleurs, en fait disparaître le produit sucré.

166. Miellée des feuilles. — Les parties vertes d'un certain nombre de végétaux laissent aussi exsuder en quantité plus ou moins grande, en été, une matière sucrée, que les abeilles recueillent et emmagasinent comme le miel. Cette matière, à laquelle on a donné le nom de *miellée des feuilles,* se produit, sous l'influence de la chaleur, sur les feuilles les plus anciennes ; elle apparaît donc plus tôt sur les arbres à feuilles persistantes, tels que le pin, le sapin, le mélèze, l'yeuse ou chêne vert, etc., qui ont gardé leurs feuilles pendant l'hiver, et plus tard sur les arbres à feuilles caduques, comme le chêne de nos forêts ou chêne rouvre, le tilleul, etc. ; où elle ne se montre qu'en juillet et août. La miellée des feuilles recueillie sur les arbres verts et particulièrement sur le mélèze donne au miel une saveur qui le fait rechercher de la plupart des consommateurs ; celle au contraire qui provient des arbres à feuilles caduques ne produit qu'un miel inférieur, mais

elle n'en constitue pas moins une ressource importante pour les abeilles à une époque de l'année
où les chaleurs ont desséché ou fait disparaître
les fleurs, et c'est de là que résulte en grande partie l'avantage bien reconnu de la proximité des
bois pour l'établissement des ruches.

167. Pollen. — Le *pollen* est la poussière des
étamines des fleurs. Il sert, mélangé avec un certaine proportion de miel et d'eau, à la nourriture
des jeunes vers. Les abeilles apportent le pollen
en petites masses dans les corbeilles ou cueilloirs
de leurs pattes postérieures, en sorte que l'on peut
juger de l'abondance du jeune couvain qui existe
dans une ruche d'après le nombre des abeilles
qu'on y voit rentrer chargées de pollen. Le pollen
est placé dans les alvéoles, comme le miel, mais
seulement dans la partie moyenne de la ruche,
c'est-à-dire, dans le voisinage du couvain. L'alvéole rempli de pollen n'est jamais operculé ;
mais il peut arriver qu'un alvéole en partie
occupé par du pollen soit ensuite rempli avec du
miel, et alors il peut être scellé d'un couvercle
plat.

168. Rôle du pollen dans la nature. — Il est
bon de faire observer en passant que, le pollen
étant la matière fécondante des fleurs, en ce sens
que les graines des plantes ne peuvent se déve-

lopper qu'autant que, pendant la floraison, le
pollen a été porté des étamines sur le pistil par
l'air, par les insectes, ou de toute autre manière,
les abeilles, qui concourent pour une grande part à
ce transport, sont par conséquent un agent
précieux de fertilité.

169. Propolis. — La *propolis* est une sorte de
résine odorante, dure et cassante à une basse
température, mais qui devient molle et ductile
par la chaleur. Les abeilles s'en servent pour
enduire les parois intérieures de leur logement,
pour en boucher les fissures, pour consolider leur
rayons, et quelquefois pour diminuer l'entrée de
leur ruche en automne. Elles la trouvent, pense-
t-on, sur les bourgeons de certains arbres. Ainsi
les bourgeons du peuplier franc, ou peuplier noir
sont recouverts au printemps, avant l'épanouisse-
ment des feuilles, d'une matière qui ressemble
beaucoup à la propolis. Toutefois c'est en août
et septembre que les abeilles récoltent la propolis
en plus grande quantité, comme il est facile de
le constater, car elles l'apportent dans leurs corbeilles, comme le pollen. La propolis est accumulée
en divers points des parois intérieures de la ruche ;
mais elle n'est jamais emmagasinée dans les
alvéoles.

170. Cire. — La cire est fabriquée par les abeilles

elles-mêmes ; elle se forme entre les écailles ven-
trales de leur abdomen, en lames minces, transparentes et incolores. Néanmoins la matière de
ces lamelles, dont on trouve une certaine quantité sur les plateaux des ruches lorsque les abeilles
bâtissent et surtout sur les tabliers des essaims ou
des trévas récemment logés en ruches vides, n'est
pas tout à fait de la cire : c'est en la malaxant
entre leurs mandibules et en la mélangeant avec
leur salive, sans doute, que les abeilles en font
la véritable cire dont elles construisent leurs édifices.

171. Produits utiles des abeilles. — Nous
ne savons utiliser ni le pollen ni la propolis. Le
miel et la cire sont donc les seuls produits que
l'on recherche dans la culture des abeilles.

172. Division des méthodes de récolte. —
La récolte du miel et de la cire des ruches se fait
par différentes méthodes que nous diviserons en
deux classes, savoir : celles dans lesquelles on s'em-
pare d'une partie seulement des provisions des
abeilles et que nous désignerons sous le nom de
méthodes de récolte partielle, et celles dans lesquelles
on chasse complétement les abeilles des ruches à
récolter, pour s'approprier en totalité le contenu
de ces dernières, et que nous appelerons *méthodes
de récolte entière*.

MÉTHODES DE RÉCOLTE PARTIELLE

173. Taille des ruches. Cératome. — On fait généralement la taille du quinze août au quinze septembre. Pour pratiquer cette opération qui se fait entre neuf heures du matin et trois heures, mais préférablement avant midi, on enfume la ruche à opérer et, après l'avoir renversée, on place sur la portion qui renferme les gâteaux qu'on se propose de laisser intacts, une planchette sous laquelle les abeilles vont en grande partie se réfugier, et on y pousse au moyen de la fumée celles qui seraient restées sur les rayons dont on veut s'emparer ; on coupe ces rayons au moyen du *cératome*, sorte de couteau à lame étroite et courbée à angle droit sur son plat près de sa pointe, muni d'un long manche, et fabriqué pour cet usage. On enlève ces rayons avec précaution, puis on répand de la farine grossière sur les tranches des rayons de la ruche qui ont été coupés, pour empêcher autant que possible le miel de couler; on fait ensuite tomber dans la ruche les abeilles qui se sont accrochées sous la planchette, et enfin on remet la ruche à sa place. Mais on doit avoir soin de luter exactement le bord de la ruche sur son plateau, de manière qu'il n'en coule point de miel au dehors, et d'en diminuer considérablement l'entrée, afin d'éviter le pillage de cette ruche par les abeilles des autres colonies, accident très-grave et qui est toujours à craindre en pareille circonstance.

174. — Deux inconvénients sont inhérents à cette manière toute primitive de pratiquer la taille : en premier lieu, le miel coulant qui s'échappe des alvéoles qui ont été rompus par le cératome, noie inévitablement beaucoup d'abeilles de la colonie sur laquelle on opère ; et, en second lieu, l'odeur de ce miel attire les abeilles des autres ruches, qui viennent en plus ou moins grand nombre dans une intention de pillage et gênent l'opérateur dans son travail, en même temps qu'il en résulte forcément dans le rucher une certaine agitation qui peut occasionner le pillage.

175. **Taille perfectionnée.** — On diminue beaucoup les inconvénients et les difficultés de la taille en prenant la précaution de transvaser d'abord par le tapotement les abeilles de la ruche à récolter dans une ruche vide, que l'on met à sa place, et de la transporter aussitôt dans une chambre bien éclairée et où les abeilles du dehors ne puissent pénétrer. On opère alors sans

être gêné, et l'on peut prendre le temps de faire égoutter de la ruche, lorsqu'elle a été taillée, la presque totalité du miel provenant des cellules qui ont été ouvertes par le cératome. Le soir, on reporte à l'apier la ruche operée, on lui rend ses abeilles en les y faisant tomber par une brusque secousse, et on la remet à sa place. Pendant la nuit, le miel coulant est soigneusement ramassé par les abeilles, et toutes les surfaces étant ainsi bien désséchées, le pillage n'est pas à craindre.

Mais le transvasement complet des abeilles exige quelquefois de quarante à quarante-cinq minutes de tapotement lorsque la ruche renferme une notable quantité de couvain, et vu la saison avancée où l'on fait habituellement la taille, il attire beaucoup de pillardes, surtout si l'on opère dans l'après-midi. Il est donc avantageux de faire le transvasement lui-même dans une chambre close, dont on ouvre ensuite les fenêtres pendant quelques instants très-courts pour laisser partir les quelques abeilles qui se sont échappées. Enfin, il est quelquefois impossible de chasser toutes les abeilles de la ruche, lorsqu'elle renferme un couvain nombreux ; mais la taille est du moins considérablement facilitée par suite du départ des abeilles qu'on a pu lui enlever par le tapotement.

176. — La méthode de la taille est très-répandue ; mais elle a pour conséquence la destruction
d'une portion plus ou moins grande du couvain,
qui est toujours précieux. C'est évidemment pour
ce motif qu'on la pratique aussi tardivement,
c'est-à-dire, à l'époque où il n'y a presque plus
de couvain dans les ruches.

Il y a cependant un grand avantage à tailler
les colonies qui ont essaimé, vingt-et-un ou
vingt-deux jours après qu'elles ont donné naturellement ou qu'on en a extrait l'essaim primaire, attendu qu'à cette date elles n'ont plus
aucune trace de couvain d'ouvrières, que le trévasement complet se fait alors très-rapidement,
et que le miel, qui coule plus aisément à cause
de la température de la saison, est aussi plus
délicat et moins coloré que celui qu'on récolte en
août ou en septembre.

177. Emploi de la ruche à couvercle. —
Pour éviter la perte d'une partie du couvain et
pouvoir faire la taille de bonne heure, on a imaginé de composer les ruches de deux pièces superposées et communiquant plus ou moins largement
entre elles, de telle sorte que l'on puisse enlever
la pièce supérieure pour en extraire tout ou partie des provisions qu'elle renferme, sans toucher
au couvain. Telle est l'origine de la ruche à cou-

vercle, qui a conduit à la ruche à hausses et à la
ruche à calotte.

178. — On se représentera aisément une ruche
à couvercle en imaginant qu'on ait coupé horizontalement une ruche ordinaire en forme de
cloche au tiers environ de sa hauteur à partir du
sommet ; la partie supérieure sera le *couvercle* et
la partie inférieure sera le *corps de ruche*. Ainsi le
couvercle et le corps de ruche sont réunis de
manière que le bord inférieur du premier joigne
exactement le bord supérieur du second. Au
moment de la récolte, on sépare ces deux parties
au moyen d'un fil de fer qui tranche horizontalement les gâteaux, ce qui exige qu'il existe intérieurement à la partie supérieure du corps de
ruche, une rangée solide de petits bâtons de
soutien, une sorte de plancher à claire-voie
auquel restent fixés les rayons inférieurs qui renferment le couvain. On enlève le couvercle en le
remplaçant aussitôt par une simple planche,
puis on le remet en place après l'avoir taillé.

179. Emploi du couvercle composé. — La
ruche à couvercle est évidemment bien préférable
à la ruche d'une seule pièce pour la pratique de la
taille ; mais l'une et l'autre ont encore l'inconvénient assez sérieux de laisser subsister un vide
dans la partie supérieure de la ruche, après la

taille, lequel vide n'est pas comblé, en général, lorsque l'hiver arrive; d'où il résulte pour les abeilles, pendant là mauvaise saison, une plus grande déperdition de chaleur et, par suite, une plus grande mortalité et une plus grande consommation de miel, attendu que c'est par la consommation du miel que les abeilles produisent la chaleur qui leur est nécessaire en hiver. On a donc songé à composer le couvercle lui-même de deux pièces superposées, la supérieure formant un couvercle de deux ou trois centimètres au plus de hauteur, et l'inférieure ou *hausse*, exactement cylindrique, d'une hauteur de huit à douze centimètres ou davantage. Lors de la récolte, après avoir séparé la hausse du corps de ruche, on la détache de même du couvercle qui la surmonte, et ce dernier est aussitôt replacé, sans la hausse, sur le corps de ruche, en sorte qu'il ne reste aucun vide dans la ruche après l'opération. Quant à la hausse, lorsqu'on a récolté ce qu'elle contient, on la remet en place si l'on a lieu de penser qu'elle pourra être de nouveau remplie de rayons avant la fin de la saison; sinon on la met en réserve pour en faire usage ultérieurement. L'interposition d'une hausse vide entre deux parties bâties est souvent une invitation déterminante pour les

7.

abeilles à remplir l'intervalle de constructions nouvelles.

180. Emploi de la ruche à hausses. — La ruche à hausses n'est autre chose qu'une ruche composée uniquement de hausses semblables à celle dont nous venons de parler, mais dont chacune est munie à sa partie supérieure d'une sorte de charpente destinée à soutenir les rayons. Cette ruche, très-commode pour l'opération de la taille, permet, en outre, de faire aisément les réunions de colonies, ainsi que les essaims artificiels par division.

181. Réunions de colonies au moyen des ruches à hausses. — Pour réunir deux colonies logées en ruches à hausses, il suffit de supprimer dans chacune d'elles les hausses inférieures inutiles et de placer ensuite l'une des deux sur l'autre après avoir enlevé le couvercle de cette dernière. Il est bien entendu que les ruches doivent avoir le même diamètre, que l'opération exige un large emploi de la fumée, et qu'elle se fait le soir. Il importe de plus que les rayons des deux ruches aient la même direction et se touchent. La réunion est facilitée si l'on répand un peu de miel liquide à la jonction des rayons des deux ruches. Enfin, il convient de ne réunir de cette manière que des colonies voisines pour

que les abeilles retrouvent aisément leur demeure
désormais commune.

**182. Essaims artificiels par division au
moyen de la ruche à hausses.** — Pour faire un
essaim artificiel par division au moyen de la
ruche à hausses, il suffit de partager la ruche
à opérer, au point de jonction de deux hausses,
de manière que les deux portions contiennent
des rayons, du miel et, s'il est possible, de très-
jeune couvain, afin que celle des deux parties qui
n'a pas la mère puisse s'en créer une ; pour plus
de sûreté, on prend dans la partie inférieure un
gâteau de jeune couvain que l'on fixe dans l'autre
partie. On place une hausse sous la partie supérieure et un couvercle sur la partie inférieure, et
l'on a ainsi deux ruches au lieu d'une seule. On
met ces deux ruches près de la place qu'occupait
précédemment la ruche unique, et on partage la
population entre elles comme on le désire, en
éloignant ou en rapprochant plus ou moins, pendant les deux jours suivants, chacune d'elles de
ce point. On comprend que, si les précautions
ont été bien prises, il n'y a pas lieu de se préoc-
cuper de savoir qu'elle est celle des deux ruches
qui a conservé la mère primitive.

183. Plateaux des ruches à hausses. — Lorsqu'on emploie les ruches à hausses, on donne à

toutes les hausses du rucher le même diamètre, en sorte que la capacité des ruches ne varie qu'avec leur hauteur ; mais il convient, en outre, d'adopter pour les entrées la disposition que nous allons décrire. La face supérieure de chaque plateau est creusée, dans la direction du centre vers un point de la circonférence, d'une sorte de canal de sept à huit centimètres de largeur, à bords verticaux, et dont le fond est taillé en plan incliné de l'intérieur vers l'extérieur ; ce canal est destiné à former l'entrée de la ruche, ce qui dispense de pratiquer aucune ouverture ni échancrure dans les hausses. On a ainsi de plus l'avantage de pouvoir diminuer ou augmenter la hauteur de l'entrée en reculant ou en avançant la ruche sur son plateau ; et enfin on peut tourner celle-ci sur elle-même de manière à orienter comme on veut les gâteaux par rapport à l'entrée : la disposition des rayons dans le sens de l'entrée paraît être la meilleure comme étant la plus favorable au renouvellement de l'air dans l'habitation.

184. Charpentes des ruches à hausses et à couvercles. — Les petites charpentes placées dans les hausses ou corps de ruches, et destinées à soutenir les rayons qui y restent après l'enlèvement des parties qui les surmontent, ne doivent point former un plancher susceptible de diviser les abeilles en plusieurs groupes, ce qui leur serait pernicieux en hiver; il importe même qu'elles altèrent le moins possible l'uniformité des rayons afin de ne point nuire à la régularité de la ponte de la mère et au groupement des abeilles sur le couvain. Pour ces motifs, on a imaginé de former chaque plancher de petits bâtons prismatiques triangulaires placés horizontalement de manière qu'une de leurs arêtes étant à la partie inférieure, les faces opposées à ces arêtes forment un plan de niveau avec le bord supérieur de la hausse. Les extrémités de ces petits bâtons sont terminées en pointes allongées pour être implantées dans le cordon supérieur de la hausse, lorsque celle-ci est en paille. Ces bâtonnets ont environ quinze millimètres de largeur sur chaque face et on les fixe parallèlement entre eux de manière que la distance des arêtes inférieures de deux bâtonnets consécutifs soit de *trente-trois millimètres*, distance qui est celle des plans médians des rayons que construisent les abeilles dans la partie moyenne des ruches. La forme en biseau de la partie inférieure des bâtonnets a le plus souvent pour effet de déterminer les abeilles à bâtir en fixant le mur médian de chaque rayon sur l'arête même de ce

biseau, en sorte que chaque rayon est fixé à toute
la longueur du bâtonnet chargé de le soutenir, et
que le bâtonnet est lui-même entièrement noyé
dans l'épaisseur du rayon ; de cette manière les
abeilles ne sont pas divisées et les rayons offrent
la plus parfaite régularité.

185. — Toutefois nous ferons observer que les
abeilles ne bâtissent pas toujours conformément
aux prévisions ou aux désirs de l'apiculteur, et,
d'autre part, que les minutieux détails de construction que nous venons d'exposer ne sauraient
guère convenir aux personnes qui ont peu de loisir. Nous conseillerons donc à nos lecteurs de
faire comme plusieurs apiculteurs de mérite de
notre connaissance, qui sont satisfaits du procédé qu'ils emploient, et qui se contentent de fixer
à la partie supérieure de chaque hausse et sur le
même plan horizontal deux ou trois petits bâtons
équidistants dirigés de manière à traverser perpendiculairement les rayons.

186. Emploi des ruches à calotte. — La ruche
à calotte est une ruche en cloche ordinaire, mais
peu élevée, dont le fond, un peu aplati, est percé
d'une ouverture circulaire de huit à neuf centimètres de diamètre. Ce trou est fermé d'un disque
de bois pendant presque toute l'année, mais, au
commencement de la miellée, on enlève ce

disque et on recouvre la partie supérieure de la
ruche d'une petite corbeille en paille, ou *calotte,*
dont le diamètre est un peu moindre que celui de
la ruche, et dont la capacité est de sept à huit
litres ou davantage. Avant de placer la calotte, on
la garnit de rayons vides, qu'on y fixe au moyen
de chevilles de bois, ou bien on y dispose simplement un rayon sec ou un petit bâton vertical se
prolongeant par en bas jusque dans l'ouverture
supérieure du corps de ruche, pour servir d'échelle
aux abeilles. Les abeilles montent dans la calotte
et la remplissent de miel dans un temps parfois
assez court, après lequel, s'il y a lieu, on la remplace par une nouvelle calotte préparée de la
même façon, ou bien on ferme l'ouverture supérieure de la ruche en y replaçant le disque de
bois. On reconnaît que la calotte est remplie au
son qu'elle rend lorsqu'on la frappe avec le dos
du doigt ou avec un corps dur quelconque.

187. Récolte des calottes. — Pour faire la
récolte des calottes, on commence l'opération le
soir. On soulève d'un côté le bord de la calotte en
se servant de la lame d'un fort couteau, qu'on
emploie en la faisant agir comme levier, et on
souffle de la fumée sur les abeilles qui se présentent pour sortir de l'ouverture ainsi pratiquée ;
puis on achève de la décoller complétement

sans l'enlever tout à fait, et on la laisse en place
en glissant seulement sous son bord trois petites
cales, qui la maintiennent soulevée d'un centi-
mètre environ au-dessus de la position qu'elle
avait d'abord. On replace le surtout, et on laisse
les choses dans cet état jusqu'au lendemain.
Pendant la nuit, les abeilles ramassent tout le
miel qui coule de quelques alvéoles qui ont été
rompus, et le jour suivant on procède à l'enlèvement de la calotte, dont les rayons sont alors
parfaitement secs à leur surface.

On enlève la calotte en plein jour. Pour cela,
on projette un peu de fumée entre la ruche et le
bord de la calotte, on retire celle-ci, on ferme
l'ouverture supérieure de la ruche au moyen
du disque de bois, après avoir refoulé au
moyen de quelques bouffées de fumée les
abeilles restées sur le dôme de la ruche, et on
replace le surtout après avoir tracé à la craie sur
la ruche un numéro, que l'on reproduit sur la
calotte, pour servir de repère si l'on récolte plusieurs calottes le même jour. La calotte, qui
contient beaucoup d'abeilles, est alors posée à
une petite distance sur le sol ou sur le bord d'une
planche, de manière à laisser un petit passage
qui permette aux abeilles de sortir. Celles-ci se
sentent bientôt isolées de leur mère et sortent les

unes après les autres pour rejoindre leur colonie ;
en sorte que, au bout de trois quarts d'heure,
d'une heure au plus, toutes sont retournées à
leur ruche. Mais si la calotte garde ses abeilles,
c'est un signe que la mère est avec elles, ce qui
est très-rare, et alors il faut enfumer légèrement
cette calotte, l'établir tout contre l'entrée de la
ruche, l'ouverture dirigée par en haut, et la
tapoter avec l'extrémité d'un bâton : bientôt on
voit les abeilles, y compris la mère, se mettre en
mouvement et rentrer en rangs serrés dans leur
domicile. Il faudrait faire sans délai cette chasse
des abeilles des calottes dans leurs ruches si l'on
venait à reconnaître que les calottes fussent le
point de mire de quelques abeilles animées du
désir de piller.

Pleines ou non pleines, toutes les calottes
doivent être enlevées à la fin de la miellée.

188. Avantages des ruches à calotte. —
L'intérieur des calottes remplies par les abeilles
offre un magnifique spectacle de rayons demi-
transparents d'une admirable propreté, gonflés
du nectar le plus appétissant, surtout lorsqu'il a
été recueilli sur les fleurs printanières. Aussi la
ruche à calotte est-elle très-répandue à cause de
la beauté des produits qu'elle procure plus encore

qu'à cause de la facilité extrême avec laquelle
elle permet de faire la récolte.

189. Inconvénients de la ruche à calotte.
— La ruche à calotte, cependant, est plutôt une
ruche d'amateur qu'une ruche de producteur, à
moins que l'apiculteur n'ait un débouché certain,
à un prix avantageux, pour son miel en rayons.
En effet, lorsque les ruches ne sont pas très-petites,
on trouve un nombre notable de calottes restées
vides, surtout parmi celles qu'on n'avait pas à l'a-
vance garnies entièrement de rayons : les abeilles
ne se sont pas décidées à y emmagasiner, bien que,
au moment du calottage, les ruches fussent lour-
des et les populations fortes; elles ont préféré
essaimer, et on a pu les voir, pendant la période
de l'essaimage, se grouper en masses plus ou
moins volumineuses au-dessous et autour des entrées, c'est-à-dire faire la barbe et rester oisives,
au lieu de travailler à augmenter leurs provisions. D'autre part, lorsque le corps de ruche
est petit, on risque de ne laisser à la colonie
après l'enlèvement de la calotte, que des provisions insuffisantes pour ses besoins ultérieurs.

190. Ruches à rayons mobiles. — Toute
ruche à rayons mobiles est formée d'une boîte
ordinairement en menuiserie et rectangulaire,
dans laquelle sont disposés de petits châssis ou

cadres plus ou moins complets, en bois, placés
verticalement et parallèlement les uns aux autres,
dans chacun desquels les abeilles doivent cons-
truire un rayon, et destinés à être enlevés et re-
placés isolément et à volonté. On se règle, pour
placer convenablement ces cadres, sur ce que l'é-
paisseur des rayons que construisent les abeilles
dans le corps de la ruche, est de vingt-quatre millimètres, et leurs intervalles de neuf millimètres,
et on dirige le travail de construction des rayons
en collant à la planchette supérieure de chaque
cadre, dans la direction de cette planchette, un
rayon indicateur au moyen de gomme, de colle
de farine ou de colle forte.

191. — Ces sortes de ruches sont véritablement
très-intéressantes pour l'amateur et l'observateur,
mais elles sont forcément d'un prix relativement
élevé, et elles nécessitent une assez grande
dépense de temps pour l'exécution des opérations
et la pratique des soins que leur emploi exige,
sans qu'il y ait compensation bien démontrée
sous le rapport du produit.

192. — Il existe des ouvrages, excellents à
consulter, d'auteurs qui ont écrit spécialement
pour préconiser l'emploi des ruches à rayons
mobiles.

MÉTHODES DE RÉCOLTE ENTIÈRE

193. Étouffage. — L'étouffage est une pratique primitive et barbare dont nous ne dirons que quelques mots uniquement pour la faire connaître et émettre le sentiment qu'elle nous inspire.

L'étouffage consiste à détruire par le soufre, vers l'époque où la campagne ne fournit plus de miel, toutes les abeilles des ruches que l'on veut récolter, pour s'approprier la totalité des provisions qu'elles contiennent. Il suffit pour cela de creuser dans le sol un trou d'un diamètre un peu moindre que celui de la ruche, d'y suspendre au moyen d'un fil de fer une mèche soufrée à laquelle on met le feu, de placer sur le trou la ruche qu'on veut éteindre, et de tasser un peu la terre autour du bord de la ruche pour empêcher le gaz sulfureux de s'échapper. Au bout de deux ou trois minutes, toutes les abeilles sont tombées des rayons, et mortes.

194. — Cette pratique, à cause de la facilité et de la rapidité avec lesquelles elle s'exécute, convient aux gens qui font métier d'acheter sur place, vers la fin de la saison, des ruches grasses, pour en extraire et en vendre ensuite le miel et la cire ; ils sont ainsi débarrassés en un instant des abeilles, dont la valeur n'est une perte que pour le propriétaire. Ces marchands, qui passent aisément aux yeux du vulgaire pour des gens très-savants en ce qui concerne les abeilles, n'ont pas de peine à persuader à leurs vendeurs que l'étouffage est le meilleur procédé à suivre pour faire la récolte, qu'il l'emporte de beaucoup spécialement sur la méthode de la taille, la seule habituellement que ceux-ci connaissent, au moins de nom; méthode, disent-ils, qui est longue, difficile, dangereuse même, et à la suite de l'emploi de laquelle, ajoutent-ils, non sans un semblant de raison, beaucoup de colonies n'en périssent pas moins en hiver, après avoir consommé, en pure perte pour le propriétaire, tout le miel qu'on leur avait laissé, ou même avant l'hiver, par suite de pillage. Ces allégations sont en effet très-souvent vraies, parce que la taille est faite la plupart du temps par des gens qui ne se rendent pas exactement compte des conséquences de la manière dont ils opèrent.

195. — C'est ainsi que se perpétue, par le fait de l'ignorance des possesseurs de ruches, la déplorable pratique de l'étouffage, laquelle disparaîtra lorsqu'on saura généralement avec quelle facilité s'emploient les méthodes rationnelles de récolte partielle et surtout de récolte entière que cet ouvrage a pour but de vulgariser, qui ne font point périr d'abeilles, et qui sont ainsi d'accord à la fois avec les intérêts du propriétaire et avec les sentiments de l'humanité.

196. Culbutage. — La méthode du culbutage consiste à renverser, au moment où la miellée commence, des ruches fortes et pleines de rayons, à placer sur chacune d'elles une ruche vide, garnie de rayons secs d'une parfaite netteté, et à laisser les choses dans cet état. Les abeilles accumulent de grandes quantités de miel dans les rayons de la ruche supérieure, que l'on récolte dès qu'elle est remplie ou seulement à la fin de la miellée, en en chassant les abeilles par le tapotement. Ces abeilles sont ensuite réunies à celles de la ruche inférieure, que l'on replace alors dans son sens habituel. Lorsque le culbutage est fait dans de bonnes conditions, la mère reste dans la ruche inférieure et, par conséquent, la ruche supérieure ne contenant ni couvain ni pollen donne un miel d'excellente qualité. On a conseillé, pour empêcher la mère de monter dans la ruche supérieure, de placer entre les deux ruches une grille horizontale à trous assez grands pour laisser passer les ouvrières, mais trop étroits pour le passage de la mère.

197. — Il arrive souvent, dans l'emploi de cette

méthode, que les abeilles, occupées à amasser du miel, ont négligé le couvain placé dans la ruche inférieure, lequel a péri en partie, et dont la décomposition a infecté la ruche. Cette dernière ne peut donc pas être conservée, du moins ordinairement, et quelque temps après, on en transvase les abeilles pour en faire la récolte totale.

198. Trévas. — Les abeilles transvasées ou *trévasées*, comme on le dit, forment ce qu'on appelle un *trévas*. Ces trévas sont réunis entre eux deux à deux ou gardés isolément, et conduits à la bruyère, où ils peuvent faire leurs provisions d'hiver, si les circonstances sont très-favorables ; mais il en est peu qui se conservent.

199. — Le culbutage donne de beaux et d'abondants produits, mais il anéantit l'essaimage et fait périr un nombre considérable de colonies ; il est ainsi souvent plus destructif que l'étouffage lui-même.

200. Méthode de récolte entière par essaimage simple. — Cette méthode consiste à retarder les essaims jusqu'au douzième ou quinzième jour après le commencement de la miellée, ce qui se fait en plaçant de bonne heure des hausses sous les colonies fortes et quelque temps après des calottes au-dessus, de telle sorte que chaque ruchée puisse amasser une bonne quantité de miel nouveau. On fait alors des essaims primaires artificiels sur toutes les colonies fortes, après en avoir enlevé la veille les calottes, pleines ou non pleines. On met chaque essaim à la place de sa souche et celle-ci à une place vacante. — Il est avantageux de placer les souches près les unes des autres ou près des ruchées faibles, en prévision des réunions qu'on pourra avoir à faire plus tard.

On continue ces extractions d'essaims artificiels sur les colonies à mesure qu'elles deviennent capables de subir cette opération ; en sorte qu'il n'y a en définitive qu'un très-petit nombre de ruchées dont on ne tire pas d'essaims parce qu'elles sont trop faibles.

Les essaims primaires artificiels, ainsi obtenus en bonne saison, réussissent à merveille, et même il est souvent nécessaire de donner des calottes et des hausses aux premiers essaims, pour les empêcher de produire des reparons.

201. — Cependant chaque souche se fait une mère, sans se disposer à donner un essaim secondaire, du moins en général, et sa population s'accroît chaque jour, à mesure que son couvain arrive à terme. Vingt-et-un jours après l'extraction de l'essaim, elle n'a plus de couvain d'ouvrières ; c'est le moment qu'il convient de choi-

sir pour en transvaser les abeilles dans une ruche vide et en faire la récolte entière. Toutefois les souches des essaims qui ont été faits tardivement ne sont pas récoltées et sont gardées pour l'année suivante, à moins qu'elles ne soient devenues très-lourdes ou que leurs gâteaux déjà âgés n'exigent leur renouvellement.

202. — Les trévas qui proviennent de l'emploi de cette méthode sont évidemment en meilleures conditions que ceux qui résultent de la méthode du culbutage ; quelques-uns servent à renforcer les ruches faibles, et on réunit les autres deux à deux pour former de fortes populations capables de faire leurs provisions pour l'hiver, ou même, si la saison paraît devoir être favorable, et surtout si l'on a la facilité de les conduire un peu plus tard à la bruyère, on les conserve isolément.

— On est plus sûr de sauver ces trévas si l'on a soin de fixer d'avance quelques gâteaux au fond de leurs ruches et de leur donner, dès la première nuit de leur installation, un demi-kilogramme ou un kilogramme de miel ou de sirop de sucre.

203. — La méthode de récolte entière par essaimage simple, qui vient d'être exposée, a pour principal avantage de n'exiger que très-peu de travail ; de plus, elle renouvelle à peu près chaque

année les édifices et donne une assez abondante
quantité de miel d'excellente qualité et de cire ;
elle favorise suffisamment la multiplication des
colonies, bien que quelques trévas ne réussissent
pas à faire leurs provisions d'hiver, et qu'on soit
obligé, avant la mauvaise saison, d'en réunir les
abeilles à d'autres ruches, comme nous le verrons
plus loin ; mais alors on a un certain nombre de
paniers plus ou moins garnis de bâtisses neuves
que l'on pourra employer l'année suivante pour
y loger des essaims, pour faire des culbutages
ou pour garnir des calottes. Enfin, cette méthode
procure parfois quelques belles calottes de miel ;
mais il n'y faut pas compter beaucoup, attendu
qu'elle n'exige pas l'emploi de corps de ruche
qui soient très-petits.

204. — On voit que, dans cette méthode, le
renouvellement des mères est abandonné à l'instinct des abeilles ; mais l'apiculteur peut opérer lui-même le renouvellement ou le remplacement des mères âgées dans les essaims, s'il
le juge convenable, trois semaines ou un mois
après l'extraction de ces derniers. Quant aux
colonies qui n'ont pas fourni d'essaim, il est
pourvu suffisamment, en général, au renouvellement des mères, en ce qui les concerne, par
l'adjonction des trévas qu'on leur donne.

205. Méthode de récolte entière par essai-mage double. — Cette méthode, conseillée dans ces derniers temps par M. Vignole, sera mieux comprise si nous faisons connaître d'abord quelques résultats des ingénieuses et importantes expériences faites par M. l'abbé Collin et publiées dans l'excellent journal l'*Apiculteur*, dirigé par M. Hamet.

OBSERVATIONS DE M. L'ABBÉ COLLIN

206. Première observation. — Depuis la ponte de l'œuf d'où elle provient, jusqu'à son arrivée à l'état d'insecte parfait, la jeune mère passe, à quelques minutes près, *trois jours à l'état d'œuf*; *cinq jours et quatre heures à l'état de ver ou de larve*; *sept jours et huit heures sous opercule*; total : *quinze jours et douze heures*.

207. Deuxième observation. — Lorsqu'on fait un essaim artificiel sur une colonie avant la ponte d'œufs en alvéoles maternels, quelque faible que soit la souche, elle se fait toujours au moins deux mères ; les colonies fortes en font bien davantage. Les abeilles se mettent aussitôt à l'œuvre et choisissent de jeunes vers éclos depuis environ vingt heures, pour les transformer en mères. Le lendemain et le surlendemain, elles continuent à prendre des vers d'environ vingt heures pour leur appliquer les mêmes procédés ; mais ce travail de transformation ne dure pas plus longtemps, de telle sorte que l'intervalle de temps qui s'écoule entre le moment où la plus âgée de ces jeunes mères sort de son berceau et celui où la moins âgée arrive à terme, n'excède pas *quarante-huit heures*.

208. Troisième observation. — La plus âgée des jeunes mères, sortie de son berceau quinze jours et douze heures après la ponte de l'œuf d'où elle provient, c'est-à-dire, devenue libre *onze jours et seize heures* après l'extraction de l'essaim, émet, mais seulement *vingt heures* après sa sortie du berceau, le cri *tûh*, que l'on peut entendre le soir du *treizième jour* qui suit l'opération de l'essaimage. De plus, *le soir du quatorzième jour*, si l'essaim n'est pas parti dans la journée de ce même quatorzième jour, on entendra le cri *quâ* en un point ou en plusieurs points de la ruche, en même temps que le cri *tûh*, attendu qu'une nouvelle jeune mère, au moins, sera alors arrivée à terme depuis plus de vingt heures et retenue prisonnière au berceau.

MÉTHODE DE M. VIGNOLE

209. — La méthode de M. Vignole consiste dans l'exécution successive des opérations suivantes :

Premier temps. — On tire des essaims artificiels de la moitié du nombre des ruchées fortes de l'apier dès qu'elles sont bien garnies de couvain, au commencement de la miellée, et avant la ponte d'œufs en alvéoles maternels. On met chacun de ces essaims à la place de sa souche, et les souches vont remplacer les autres ruchées fortes ; ces dernières sont groupées dans le voisinage les unes des autres ou placées près de colonies faibles pour faciliter des réunions ultérieures. On profite de ce moment pour détruire autant de bourdons que possible dans les souches par la décapitation au berceau. Enfin on calotte les souches ainsi que les ruchées fortes au moment de leur déplacement et, quelques jours après, on calotte aussi les essaims.

Deuxième temps. — *Treize jours* exactement après cette première opération, c'est-à-dire, dans la matinée du *quatorzième jour*, ou, si le temps a été très-mauvais le quatorzième jour, dans la

8*.

matinée du quinzième, on tire de chaque souche
un second essaim artificiel. Cet essaim est mis de
même à la place de sa souche, laquelle va remplacer la ruche qu'elle avait déjà remplacée une
première fois quatorze jours auparavant, et cette
dernière est mise à une nouvelle place vacante.

Troisième temps. — Vingt-et-un ou vingt-
deux jours après l'extraction du premier essaim,
alors que les souches n'ont plus de couvain, on
les trévase pour en faire la récolte entière, et on
réunit les trévas à d'autres colonies.

210. Continuité de la méthode. — Il est
clair que cette suite d'opérations commencée sur
une première série de colonies qui se sont trouvées
prêtes de bonne heure, peut s'appliquer à une
seconde série de ruches qui ne sont prêtes que
quelques jours plus tard, puis à une troisième
série, si les circonstances le permettent, aux
colonies qui ont été déplacées deux fois, et même
aux premiers essaims, suivant la durée de la
miellée.

211. Avantages de la méthode. — Cette
méthode, fondée sur les plus récentes notions certaines que nous ayons sur les mœurs des abeilles,
offre de nombreux avantages. En effet, 1° les
deux essaims tirés de la même ruche, aussi bien
le secondaire que le primaire, ne peuvent man-

quer de réussir, puisqu'ils sont obtenus en bonne saison ; 2° le nombre des bourdons est fortement diminué ; 3° la ruche récoltée contient une grande quantité de miel, parce qu'elle n'a pas cessé d'avoir une forte population et que les abeilles ont dû remplir de miel une bonne partie des cellules d'abord occupées par le couvain ; 4° l'essaimage est abondant ; 5° les édifices d'une partie des colonies sont renouvelés ; 6° enfin, la méthode multiplie les jeunes mères et permet de propager les meilleures races de préférence aux autres.

212. Des ruches déplacées. — L'observation prouve que les ruches déplacées deux fois ne cessent pas d'être dans un état satisfaisant sous le double rapport de la population et des provisions, malgré le grand nombre d'abeilles qu'elles ont fourni ; si bien que, lorsque la saison est favorable, il convient souvent, pour les empêcher d'essaimer spontanément, d'en tirer des essaims artificiels que l'on met de même à la place de leurs souches ; mais on met celles-ci à la place des essaims primaires qui menaceraient de donner des reparons, ou bien on les met près de ruches que l'on doit trévaser prochainement, dans l'intention d'y réunir les abeilles de ces dernières.

213. Fin de la récolte. — Lorsque la fin de la miellée approche, il n'y a plus lieu de faire de nouveaux essaims primaires, ni de conserver les essaims secondaires; on extrait ces derniers à leur heure pour empêcher leur sortie spontanée, et on les rend le lendemain à leurs souches.

CHAPITRE VI

PRÉPARATION DES PRODUITS

PRÉPARATION DU MIEL

214. Condition de propreté et de salubrité du miel. — Il importe d'observer que les procédés de récolte partielle ou totale que nous avons exposés permettent d'éviter la présence de toute trace de couvain dans les rayons récoltés, ce qui est une précieuse garantie de la parfaite propreté du miel qu'on en obtiendra, de la salubrité de son emploi, soit dans les préparations médicinales, soit comme aliment, et de sa bonne conservation.

215. Moment favorable pour extraire le miel des rayons. — Le miel devenant moins coulant à mesure qu'il se refroidit, on doit s'occuper de l'extraire des rayons dès que ceux-ci sont tirés de la ruche et isolés des abeilles.

216. Triage des gâteaux. — On sépare les portions de rayons qui sont remplies de miel, operculé ou non operculé, de celles qui n'en contiennent qu'une quantité insignifiante ou qui sont complétement sèches, ainsi que de celles dont les alvéoles sont en grande partie occupés par du pollen. Ces dernières, dont il est presque impossible de retirer le peu de miel qu'elles contiennent, et les ruches qu'on aura vidées et égouttées, mais dont les parois seront naturellement restées grasses, seront exposées le soir près du rucher, mais seulement une heure au plus avant la nuit, pour que les abeilles y viennent recueillir le miel qui s'y trouve, sans qu'il y ait danger de pillage.

Si, pour quelque motif, on récoltait une ruche renfermant du couvain d'ouvrières, on aurait soin de mettre à part les parties de rayons contenant ce couvain, pour les fixer sans délai dans une ruche habitée par des abeilles; celles-ci élèveraient ce couvain, et, une vingtaine de jours après, on retirerait ces gâteaux devenus vides.

217. Miel de première qualité. — Les portions de rayons qui sont pleines de miel, sont brisées de manière que toutes les cellules le laissent couler facilement, et placées sur un tamis, au-dessus d'un vase destiné à le recevoir.

Le travail se fait dans une enceinte impénétrable aux abeilles et dont la température ne soit pas inférieure à 20° et ne surpasse pas beaucoup 25°. Au bout de deux ou trois jours, il ne coule plus de miel du tamis, et celui qui a coulé est de première qualité. On verse ce miel dans des pots de grès, qu'on maintient pendant une huitaine de jours à cette température un peu élevée pour que le miel conserve une grande fluidité, et que les parcelles de cire qui ont été entraînées avec lui puissent monter aisément à sa surface; puis, après avoir enlevé ces parcelles de cire, qui forment une couche très-mince, on place ces pots dans un lieu sec et frais et on les recouvre d'une manière quelconque pour préserver le miel de la poussière. Après quinze ou vingt jours, quelquefois après quatre ou cinq mois seulement, le miel durcit, et la finesse de son grain ajoute beaucoup à sa valeur.

218. Miel de seconde qualité. — Les débris de rayons qui ont fourni le miel de première qualité sont loin d'être épuisés. Pour en retirer le miel restant, on les met dans un vase que l'on fait chauffer au bain-marie dans un autre vase contenant de l'eau entretenue à une température de 70 à 75 degrés centigrades. La cire se liquéfie et reste à la surface du miel, et celui-ci s'accu-

mule au fond du vase. Le miel ainsi obtenu
est toujours fort bon, mais il est plus coloré
et d'un goût moins délicat; pour ces motifs, il
n'est que de seconde qualité. On peut aussi,
lorsqu'on a une presse à sa disposition, sou-
mettre les débris de rayons dont il s'agit à
une forte pression; mais le miel de presse,
quoiqu'il soit moins coloré que le précédent, lui
est toujours très-inférieur sous le rapport de la
pureté et n'est que de troisième qualité, ainsi
que le miel qui, préparé ou conservé dans de
mauvaises conditions, présente des grains très-
gros et, pour cette raison, porte le nom de *gros
miel*.

219. Hydromel. — Une autre manière d'utiliser le miel qui reste dans les débris de rayons
qui ont fourni le miel de première qualité, consiste à les mettre dans un vase avec une certaine
quantité d'eau, laquelle dissout la matière sucrée
qu'ils renferment. On soutire cette eau, puis on
la laisse fermenter comme le moût de raisins;
elle donne ainsi une boisson plus ou moins
alcoolique et très-saine, qui n'est autre chose que
l'*hydromel*.

220. Mello-extracteur. — Le *mello-extracteur*
est un instrument qui a été imaginé spécialement
pour l'usage des amateurs de ruches à rayons

mobiles, dans le but d'extraire le miel des rayons
sans les déformer, de telle sorte que chaque rayon,
une fois vidé, puisse être replacé dans la ruche
et rempli de nouveau par les abeilles. Cet instrument est fondé sur l'emploi de la force centrifuge.

Le mello-extracteur est essentiellement composé d'une tige métallique verticale que l'on
peut faire tourner sur son axe avec une vitesse
plus ou moins grande, soit au moyen d'une
manivelle, soit par tel procédé qu'on voudra
imaginer. En un point de cette tige sont fixées
horizontalement quatre ou six tiges de longueurs
égales entre elles qui rayonnent autour de la
première et dont chacune porte à son extrémité
une sorte de main métallique, dont il est aisé de
concevoir la disposition d'après son usage. Le
rayon à vider est placé de champ dans cette
main, perpendiculairement à la tige horizontale
qui la supporte, et sa face extérieure est appuyée
par tous ses points sur une toile métallique qui
garnit la main de ce côté.

Si l'on imprime un mouvement de rotation à
l'appareil, en supposant qu'on ait eu soin de
désoperculer d'avance les alvéoles qui occupent
la face externe du rayon, il est clair que le miel
de ces alvéoles, s'il est suffisamment coulant,

9.

devra, par l'effet de la force centrifuge, être lancé à travers les mailles de la toile métallique, dans toutes les directions autour de l'appareil. Or cet appareil est placé au centre d'un vase circulaire à parois verticales suffisamment élevées ; dès lors le miel est projeté contre les parois de ce vase, et coule aussitôt vers le fond, où il s'accumule dans une rigole circulaire disposée à cet effet ; un tuyau muni d'un robinet le conduit ensuite dans le récipient où il doit être recueilli. Lorsqu'on a vidé une face du rayon, on le retourne sur lui-même pour vider la face opposée. On peut ainsi opérer sur quatre ou six rayons à la fois.

221. — Le mello-extracteur fonctionne d'une manière satisfaisante quand le miel présente une grande fluidité, comme cela a lieu lorsqu'il a été récemment apporté dans la ruche par les abeilles, et qu'il renferme encore une notable proportion d'eau ; mais lorsqu'il s'agit de vider des rayons dont les alvéoles sont operculés depuis un certain temps et contiennent du miel parvenu à son état de concentration normale, le miel ne peut couler que sous l'action d'un mouvement plus rapide de l'appareil, qui détermine une déformation des rayons, lesquels s'écrasent plus ou moins contre la toile métallique qui les retient. Il est vivement à regretter qu'il en soit ainsi, car le mello-extracteur permettrait de conserver, lors de la récolte du miel, un grand nombre de rayons qui, dans l'état actuel des choses, passent forcément à la fonte, et qui serviraient l'année suivante à garnir des ruches vides, des calottes ou des hausses, puisqu'il suffirait, pour rendre facile leur conservation, de faire achever leur dessication par les abeilles, en les exposant vers la fin du jour dans le rucher, après les avoir vidés au moyen du mello-extracteur.

PRÉPARATION DE LA CIRE

222. Lavage des rayons. — Il est d'une bonne pratique de laisser macérer dans l'eau pendant quelques jours, avant de les mettre à la fonte, les rayons qui contiennent du pollen, afin d'en séparer la plus grande partie de cette matière étrangère.

223. Première fusion. — On met peu à peu les résidus de l'extraction du miel et les rayons secs dans un vase placé sur le feu et contenant de l'eau en quantité suffisante pour que la cire ne s'échauffe pas, au contact des parois du vase, au point d'éprouver un commencement de décomposition qui altèrerait ses qualités. On élève peu à peu la température jusqu'à ce que la cire soit fondue; mais, la matière étant sujette à s'emporter, comme le fait le lait dans la même circonstance, il est nécessaire de surveiller l'opération et d'arrêter le mouvement d'effervescence du liquide, s'il se produit, en y projetant un peu d'eau froide. On verse ensuite, au moyen d'une large et profonde cuiller d'un quart de litre à un demi-litre de capacité, la cire et les matières avec laquelle elle est mêlée, dans une toile solide tendue horizontalement au-dessus d'un autre vase contenant de l'eau bouillante, et, en tordant fortement cette toile après l'avoir enroulée autour de la masse, on presse celle-ci tandis que la cire est encore en fusion. La cire tombe dans le vase placé au-dessous et s'étend en couche liquide à la surface de l'eau; c'est de là qu'on la retire, lorsqu'elle s'est figée, pour procéder à son épuration. Le marc resté dans la toile après la torsion contient encore une quantité notable de cire, laquelle est perdue, car ce n'est qu'en employant une presse d'une grande puissance qu'on peut parvenir à retirer presque toute la cire des rayons.

224. Épuration de la cire. — Pour épurer la cire, on commence par gratter légèrement avec la lame d'un couteau la surface inférieure du pain de cire obtenu après la première fusion, pour en retirer les matières étrangères qui y sont adhérentes ; puis on le brise en fragments, que l'on fait fondre dans de l'eau presque bouillante, et on maintient longtemps la cire à l'état liquide, soit dans le même vase, soit préférablement dans un vase spécial, appelé épurateur, contenant de l'eau très-chaude et dont les parois sont formées d'une matière conduisant mal la chaleur, de bois par exemple, afin que le refroidissement soit d'une extrême lenteur. Là les substances étrangères se séparent entièrement de la cire, en s'accumulant les unes au-dessus d'elle, les autres au-dessous, entre la couche de cire et l'eau sous-jacente.

225. Moulage de la cire. — C'est lorsque la cire de l'épurateur, en se refroidissant, approche de son point de solidification qu'on l'en retire au moyen d'un petit tuyau disposé latéralement, et qu'on la coule dans des moules de formes convenables, en terre, en bois ou en ferblanc. Là encore la cire ne doit se refroidir qu'avec une lenteur extrême pour qu'elle ne se fendille pas en se solidifiant et pour qu'elle prenne la cohésion et l'aspect particulier que la consommation et le commerce recherchent.

226. Conservation de la cire. — On conserve la cire en pains dans un lieu sec et frais, et à l'abri de la lumière.

CHAPITRE VII

TRAVAUX APICOLES DE L'ANNÉE

FÉVRIER

227. Visite des ruches en février. — En février commence la série des travaux annuels de l'apiculteur. Dans la seconde quinzaine de ce mois, on profite d'un jour doux pour soulever les ruches et jeter un coup d'œil dans leur intérieur, afin de se rendre compte de leur état, et on râcle les plateaux pour en enlever les cadavres, les débris de cire et toutes les immondices.

228. Nourrissement des colonies pauvres. — Le moment est arrivé de songer à venir en aide, soit immédiatement, soit un peu plus tard, aux colonies dont les provisions sont près d'être épuisées.

Pour donner de la nourriture aux abeilles dans cette saison, on se sert d'un flacon d'une capacité de trente à trente-cinq centilitres, dont le col a de quatre à cinq centimètres de diamètre; on le remplit de miel, que l'on a fait chauffer pour le liquéfier, et auquel on a mêlé quelques gouttes d'eau seulement pour qu'il conserve sa liquidité; on ferme le flacon d'un linge clair tendu sur l'ouverture et lié avec un fil autour du goulot, et on le met ainsi préparé et dans une position renversée, à la place du disque de bois qui bouche le fond de la ruche. Enfin on comprime dans l'intervalle qui existe entre le col du flacon et le bord du trou de la ruche, de la paille, du linge, ou simplement du papier froissé, de manière à empêcher qu'il ne se produise dans la ruche un courant d'air qui serait nuisible. Quelques jours après, lorsque le vase est vide, on renouvelle la provision de miel. On continue ce

nourrissement en mars et en avril, jusqu'à ce
qu'il cesse d'être nécessaire. De cette manière,
moyennant une dépense qui peut s'élever à mille
ou quinze cents grammes de miel au plus par ruche
nourrie, on conserve des colonies qui, en mai et
juin, donneront un bénéfice quatre ou cinq fois
plus grand que la dépense faite pour elles, et qui,
à défaut de ces soins, auraient inévitablement
péri.

MARS

229. Essaims de Pâques. — On donne le nom
d'essaims de Pâques aux colonies qui, hors de la
saison des essaims, principalement au commencement du printemps, quelquefois en automne ou
en hiver, par un temps doux, quittent leur ruche
sous la forme d'un essaim ordinaire, mais sans y
laisser ni abeilles, ni miel. Ces émigrations anor-
males sont causées par la famine.

Si l'on est présent au moment de la sortie
d'un essaim de Pâques, il faut le recueillir, le
réintégrer dans sa ruche et lui fournir des provisions ou, préférablement, si la population en
est très-faible ou si l'on est encore fort éloigné
du moment où les abeilles reprendront leurs
travaux, le réunir à une colonie ayant des pro-

visions. La plupart du temps les essaims de
Pâques sortent sans qu'on s'en aperçoive et vont
périr loin du rucher, victimes des intempéries,
ou se faire tuer en cherchant à pénétrer dans
quelque colonie voisine.

230. — Par le temps froid, ces abeilles, au
lieu d'émigrer, auraient péri toutes ensemble
dans la ruche et on les aurait trouvées mortes sur
le tablier et entre les rayons. Or, lorsqu'on rencontre ainsi une colonie mourante, dont quelques
abeilles seulement donnent encore signe de vie,
en remuant à peine une patte ou une antenne,
on peut encore en sauver la plus grande partie.
Pour cela, on renverse la ruche, on y remet
toutes les abeilles, qui paraissent mortes, et on
la ferme d'une toile ; on la porte dans une
chambre chaude en la maintenant renversée, et
l'on répand sur la toile, pour la nourriture des
abeilles, cinq ou six cuillerées de miel coulant
qui passe lentement à travers l'étoffe. Le lendemain soir on reporte la ruche à sa place, où on
la remet dans sa position ordinaire, et l'on est
tout surpris, en enlevant la toile le soir, de constater que la plupart des abeilles ont repris leur
état normal. Mais il est indispensable de nourrir
cette ruche à partir de ce jour, si l'on ne préfère
la réunir sans retard à une colonie voisine.

231. Achat de colonies. — Le mois de mars est particulièrement favorable à l'achat des colonies, pour le double motif que les risques de l'hiver sont presque entièrement passés, et que le transport des abeilles dans cette saison, où la température n'est ni très-chaude ni très-froide, s'opère avec facilité.

232. Transport aux colzas. — Quelques propriétaires transportent leurs ruches près des colzas vers la fin de ce mois, pour faire profiter leurs abeilles de la floraison de cette plante, et les ramènent au rucher au commencement de mai pour l'époque où le sainfoin entre en fleurs.

AVRIL

233. Nouvelle visite des ruches. — Dans la première quinzaine d'avril, lorsque les abeilles ont pu profiter depuis peu de quelques belles journées pour récolter du pollen en certaine abondance, on nettoie de nouveau les tabliers, on enlève avec le cératome les parties de rayons qui sont moisies ou altérées, et on jette profondément les regards dans les ruches pour constater l'état de fraîcheur ou d'ancienneté des gâteaux, juger des populations et enfin reconnaître la présence ou l'absence de couvain d'ouvrières, afin de prendre un parti à l'égard des colonies qui ne réunissent pas toutes les conditions désirables.

234. Colonies orphelines en avril. — Toute colonie qui, vers le quinze avril, dans nos climats, n'a pas de couvain d'ouvrières operculé, est réellement dépourvue de couvain d'ouvrières, et l'on doit en conclure qu'elle est orpheline, ou qu'elle a une mère défectueuse. Si la colonie n'a de couvain d'aucune sorte, cela peut tenir à la stérilité de la mère, sans doute; mais il est mille fois plus probable que la colonie est sans mère. Si la colonie, sans avoir de couvain d'ouvrières, possède du couvain de bourdons, on peut être certain au contraire qu'elle a une mère, mais une mère bourdonneuse. La mère bourdonneuse pond dans les petites cellules, et donne ainsi naissance à des bourdons de petite taille. Ce n'est qu'exceptionnellement que la mère bourdonneuse pond dans les grands alvéoles; mais il importe de savoir qu'elle dépose aussi volontiers des œufs dans des alvéoles maternels et que les vers qui en proviennent ne sont jamais que des larves de bourdons, et non des larves de mères comme on pourrait être disposé à le croire.

235. Réunion en avril des colonies défectueuses. — Toute colonie orpheline ou dont la

mère est défectueuse en avril est une non-valeur ;
ce qu'il y a de plus sage à faire est de chercher
à tirer parti des abeilles qu'elle renferme en les
réunissant à une colonie voisine bien organisée,
quoique l'on voie quelquefois une mère, bourdonneuse à cette époque, se mettre à faire une
ponte régulière quelques semaines plus tard.
Pour faire cette réunion, on peut essayer de
transvaser par le tapotement les abeilles de la
colonie défectueuse, ce à quoi l'on parvient parfois sans trop de difficulté, et alors on opère
comme lorsqu'il s'agit de réunir un essaim à une
colonie logée. Mais le plus souvent le tapotement ne réussit pas, et alors il convient d'employer l'asphyxie momentanée qui, dans le cas où
la colonie défectueuse a une mère, présente un
avantage particulier que nous signalerons.

236. Asphyxie momentanée. — La fumée
produite par la combustion du champignon
nommé *lycoperdon*, vulgairement *vesse-de-loup*,
desséché, est anesthésique et a spécialement la
propriété d'enlever en peu d'instants aux abeilles
qui sont soumises à son action toutes les appa-
rences de la vie pour quelques minutes, ce qui
permet d'en disposer à son gré pendant la durée
de cet état de mort apparente. Il suffit que, à la
suite, elles restent exposées à l'air pur pour

qu'elles reprennent complétement, en quelques
heures, leur vivacité habituelle. On a remarqué de plus que, si l'on mélange entre elles, pendant la suspension momentanée de leur existence
active, des abeilles de colonies différentes, elles
se considèrent, à leur retour à la vie, comme
étant de la même famille et restent dès-lors
aussi unies que si elles avaient toujours vécu dans
la même ruche.

Pour appliquer l'asphyxie momentanée, on
met sur un plateau deux hausses superposées,
et on dispose horizontalement au centre, sur un
petit support ayant la forme de la chèvre dont
se servent les scieurs de bois de chauffage, un
cylindre de fer-blanc de six à sept centimètres de
diamètre sur dix à douze centimètres de longueur, ouvert à ses deux extrémités, dans lequel
on a mis sur un fragment de toile métallique,
destiné à servir de grille, les débris mélangés de
quatre ou cinq vesses-de-loup de la grosseur
d'une noix, qu'on a déchirées, formant une masse
poreuse très-combustible et brûlant comme l'a-
madou. On met le feu à cette matière, on pose
au-dessus, sur la hausse supérieure, la ruche à
opérer, et on calfeutre toutes les ouvertures. On
entend aussitôt dans la ruche un fort bruissement, qui ne dure que quelques instants ; on

laisse les abeilles pendant sept à huit minutes sous l'influence de la fumée asphyxiante, et on enlève la ruche après avoir donné de la main quelques coups sur ses parois pour faire tomber le plus d'abeilles possible. On trouve sur le plateau les abeilles sans mouvement et comme complétement mortes.

237. — L'emploi de la vesse-de-loup dans ces conditions est d'une innocuité à peu près complète et presque toutes les abeilles tombent sur le plateau, tandis que les autres substances anesthésiques essayées jusqu'à ce jour, telles que les vapeurs d'éther ou de chloroforme, le gaz résultant de la combustion du nitre, etc., font périr une grande quantité d'abeilles et en laissent une forte proportion accrochées entre les rayons. Toutefois, par l'emploi de la vesse-de-loup, on ne parvient pas toujours à faire tomber toutes les abeilles de la ruche ; il en reste entre les rayons un certain nombre, qu'on ne peut en retirer qu'en les asphyxiant une seconde fois, après les avoir laissées revenir à la vie.

238. Réunion par l'asphyxie momentanée. — Lorsqu'on veut réunir les abeilles d'une colonie défectueuse à celles d'une autre ruche, on asphyxie celles de la première dans le courant de la journée, et on les verse aussitôt dans une ruche vide, que l'on clôt au moyen d'une toile, et que l'on maintient dans une position couchée ou renversée pour que les abeilles qui y sont renfermées reçoivent néanmoins l'action revivifiante de l'air aussi largement que possible. On ferme de même d'une toile la ruche asphyxiée, afin de pouvoir appliquer de nouveau l'asphyxie momentanée, soit le même jour, soit seulement le lendemain, aux abeilles qui y seraient restées. Le soir, on remet dans sa position ordinaire la ruche qui renferme les abeilles trévasées et, une demi-heure plus tard, après que celles-ci se sont réunies au sommet de la ruche, on retire la toile ; enfin, après avoir enfumé convenablement ces abeilles, ainsi que celles de la colonie qui doit les recevoir et qui n'a pas été asphyxiée, on les secoue dans cette dernière.

La réunion se fait plus rapidement si l'on asphyxie les deux populations en même temps et si on les mélange pendant que les abeilles sont encore privées de leurs sens, après avoir pris soin toutefois de supprimer la mère défectueuse lorsqu'il y en a une.

En tout cas, s'il s'agit de deux colonies voisines, ce qui est toujours préférable, on termine l'opération en plaçant la ruche qui contient la réunion

à égale distance à peu près des positions qu'oc-
cupaient précédemment les deux colonies.

**239. Avantages spéciaux de l'emploi de l'as-
phyxie momentanée.** — L'asphyxie momentanée est un moyen très-aisé de chasser les abeilles
qui résistent au transvasement par le tapotement,
ce qui a lieu surtout lorsque la colonie est orpheline ou lorsque la température est basse ; mais
elle présente un avantage tout spécial lorsqu'on
l'emploie à l'égard d'une colonie qui a une mère
défectueuse, et qu'il s'agit de réunir à une colonie bien organisée, puisqu'on peut trouver
aisément la mère défectueuse parmi les abeilles
asphyxiées et l'enlever avant de faire la réunion.
Du reste, lors même que cet enlèvement n'a
pas été préalablement effectué, si la colonie bien
organisée n'a pas été asphyxiée, il est naturel
de penser que la mère de cette dernière sera
nécessairement victorieuse dans le combat qu'elle
aura à livrer à une rivale revenue à la vie depuis
trop peu de temps pour avoir recouvré toutes ses
forces ; l'expérience confirme pleinement cette
prévision.

240. — Enfin, l'emploi de l'asphyxie momentanée est le moyen le plus simple d'enlever, pour
les réunir à une autre colonie, les abeilles qui
restent parfois en très-petit nombre d'une ruche,

souvent encore assez riche en provisions, dont la population a été presque anéantie pendant l'hiver ; opération indispensable, parce que ces abeilles, eussent-elles une bonne mère, ne seraient pas en état de résister aux tentatives de pillage dont elles seraient indubitablement l'objet avant quelques semaines.

241. Que faire à cette époque du panier dont on a chassé les abeilles. — Quant au panier dont on a chassé les abeilles, on en retire avec le cératome tous les gâteaux qui contiennent du couvain ou du pollen, ou qui sont en mauvais état ; on n'y laisse que les rayons secs qui sont sains et ceux qui contiennent du miel operculé ; on le passe au soufre pour détruire les fausses-teignes, et on le conserve pour y loger un essaim quelques semaines plus tard.

MAI

249. Permutation des ruches. — Dans les premiers jours de mai, lorsque les fleurs deviennent abondantes, on obtient d'excellents résultats en fournissant des abeilles aux colonies qui, ayant une bonne mère, ont une population faible, au moyen de permutations qu'on effectue de la manière suivante. A l'heure du plus grand travail des abeilles, on enfume assez légèrement une ruchée faible et une ruchée forte, choisies à une certaine distance l'une de l'autre, et on les change aussitôt mutuellement de place, mais sans enlever avec elles les tabliers ni les surtouts. Les abeilles, emportées par l'ardeur du travail et trompées par l'aspect extérieur des ruches, qui est resté le même, entrent ainsi réciproquement les unes dans la ruche des autres sans difficulté, soit parce que, toutes les abeilles étant occupées à la récolte, les entrées ne sont pas gardées avec la vigilance ordinaire, soit parce que les abeilles qui rentrent, étant chargées de butin, sont reçues volontiers. Quoi qu'il en soit, la plus peuplée des deux colonies perd ainsi, en quelques heures, plus d'abeilles qu'elle n'en reçoit, et le contraire a lieu pour l'autre. L'opération réussit parfaitement pourvu qu'il y ait beaucoup de miel dans la campagne le jour où elle est faite, et, la plupart du temps, aucune abeille n'est tuée. On a instantanément, de cette façon, deux bonnes ruches, au lieu d'une bonne et d'une médiocre. Mais il faut s'abstenir absolument de faire une permutation semblable lorsque les abeillles ne sont pas en grand travail pour recueillir du miel, car il y aurait alors, au contraire, un massacre prolongé à la porte soit de l'une soit de l'autre des deux ruches, soit des deux ruches à la fois, et par suite une perte considérable d'abeilles.

243. Essaimage. — Dans les localités de prairies artificielles, l'essaimage a lieu en mai et dans la première quinzaine de juin. C'est donc dès les premiers jours de mai qu'il convient de commencer l'application de la méthode de récolte qu'on se propose de suivre.

Nous n'ajouterons rien ici à ce qui a été dit relativement à l'essaimage naturel ou artificiel ; nous nous bornerons à rappeler qu'il est très-important de multiplier les bâtonnets de soutien dans les ruches avant d'y loger des abeilles ; c'est un petit travail qu'on se repent quelquefois plus tard de n'avoir pas fait avec assez de soin.

JUIN

244. Réunion des essaims faibles ou tardifs. — En juin, l'essaimage commencé en mai se continue. Nous devons insister à cette occasion sur la nécessité de réunir les essaims médiocres ou tardifs ainsi que les trévas, soit entre eux, pour former des populations très-fortes, soit à d'autres colonies qui ont ou qui n'ont pas essaimé, attendu que les ruchées fortes sont les seules capables de donner des bénéfices à leur proprié-

taire, tandis que les colonies faibles sont perpé-
tuellement une cause de soucis, de soins supplé-
mentaires et de mécomptes.

245. Orphelinage en juillet. — Au mois de
juillet, si l'on a suivi les méthodes rationnelles,
la récolte est terminée ou s'achève, dans les cantons où la miellée a lieu en mai et en juin.
L'attention de l'apiculteur doit alors se porter
sur l'orphelinage qui, à cette époque de l'année,
peut affecter quelques-unes de ses colonies, soit
les réunions d'essaims ou de trévas, soit les souches qui ont donné un essaim, soit surtout celles
qui en ont donné plusieurs. Les orphelines se
distinguent généralement, à l'extérieur, à leur
défaut d'activité et à ce qu'elles n'apportent pas
ou n'apportent que très-peu de pollen; mais ce
n'est qu'en visitant intérieurement les ruches qui
présentent ces caractères, qu'on pourra acquérir
une certitude entière à cet égard.

**246. Orphelinage des essaims ou des tré-
vas.** — Le premier symptôme que présente en
général à l'intérieur toute colonie orpheline est
la dispersion des abeilles dans toute la ruche
et sur ses parois, au lieu de leur groupement au

sommet ou sur les gâteaux du centre. Le second symptôme, lorsqu'il s'agit d'un essaim ou d'un trévas, est l'absence complète ou presque complète de rayons ; les abeilles orphelines, en effet, ne construisent pas ou construisent très-peu de rayons, lesquels, d'ailleurs, sont toujours à grandes cellules. Comme il n'y a pas lieu, en pareil cas, de songer à donner une mère à ces abeilles, puisqu'elles n'auraient ni le temps ni les ressources nécessaires pour amasser leurs provisions d'hiver, il convient simplement de les réunir à une colonie voisine ou de les répartir entre plusieurs autres colonies.

247. Signes de défectuosité dans les colonies qui ont essaimé. — Lorsque le massacre des bourdons a eu lieu, ce qui arrive ordinairement de quatre à six semaines après la sortie des derniers essaims, on reconnaît aisément les ruches orphelines ou dont la mère est défectueuse, à ce qu'elles ont conservé leurs bourdons, tandis que les autres n'en ont plus aucun.

D'autre part, nous savons qu'une jeune mère parvient à terme quinze jours et demi après la ponte de l'œuf d'où elle provient, qu'elle commence sa ponte dès le dixième ou le onzième jour après son arrivée à terme, et enfin qu'une larve d'ouvrière est operculée huit jours après la ponte de l'œuf qui lui a donné naissance ; d'où il résulte qu'une souche qui a une jeune mère en bon état doit avoir du *couvain d'ouvrières* operculé à partir du trente-cinquième jour après le départ spontané ou forcé de son essaim primaire. Si donc quarante jours, en nombre rond, après qu'elle a fourni son essaim primaire, la souche n'a pas de couvain d'ouvrières operculé, en eût-elle de faux-bourdons, on doit en conclure qu'elle est orpheline ou que la jeune mère qu'elle possède est défectueuse.

248. — Si la ruche ne présente aucune trace de couvain d'ouvrières ni de bourdons, il est possible qu'elle ait une mère stérile ; mais il est beaucoup plus probable qu'elle est orpheline. Si elle avait du couvain de bourdons placé dans les petits alvéoles, sans en avoir d'ouvrières, elle aurait une mère bourdonneuse, ce qui est extrêmement rare, presque impossible, dans cette saison. Enfin si, n'ayant pas de couvain d'ouvrières, elle a du couvain de bourdons placé dans les grandes cellules, ce qui est au contraire fréquent à l'époque dont il s'agit, la souche est certainement orpheline et ce couvain de bourdons est dû à des *ouvrières pondeuses*.

249. Ouvrières pondeuses. — Lorsqu'une souche est restée orpheline, il arrive presque

toujours qu'elle renferme un certain nombre
d'ouvrières, nées, pense-t-on, dans le voisinage
des alvéoles maternels et ayant reçu quelques
parcelles de la nourriture destinée aux jeunes
mères, qui possèdent la faculté de pondre ; ce
sont elles qu'on désigne sous le nom *d'ouvrières
pondeuses.* Les ouvrières pondeuses déposent
leurs œufs dans les grands alvéoles ; mais ces œufs
ne donnent naissance qu'à des bourdons, et c'est
ainsi que l'on trouve souvent du couvain de
bourdons dans les souches orphelines. Les
ouvrières pondeuses, de même que les mères
bourdonneuses, pondent aussi assez souvent
dans des alvéoles maternels, mais les larves qui
proviennent de cette ponte ne sont encore que
des larves de bourdons ; en sorte qu'il est de
règle générale et sans exception qu'un ver nourri
dans une cellule maternelle est toujours un bourdon quand la colonie est dépourvue de couvain
d'ouvrières.

**250. Réunion des colonies orphelines ou
défectueuses en juillet.** — Dès qu'on a acquis
la certitude qu'une colonie, autre qu'un essaim
ou un trévas, est orpheline ou qu'elle a une mère
défectueuse, ce qu'il y a de mieux à faire, en
général, c'est de la réunir à une colonie voisine
bien organisée ou de lui adjoindre une colonie

ayant une bonne mère, au lieu de chercher à lui faire produire une mère artificiellement.

Pour effectuer cette réunion, à la suite de laquelle les ouvrières pondeuses disparaissent lorsqu'elle est faite avec succès, il est particulièrement avantageux de faire usage de l'asphyxie momentanée, appliquée à la colonie défectueuse. Ainsi, s'agit-il de réunir la colonie défectueuse à une autre colonie, nous savons déjà que l'asphyxie momentanée permet de faire promptement le trévasement et de trouver la mère défectueuse parmi les abeilles, s'il y en a une, pour la détruire avant de faire la réunion. Si, au contraire, il s'agit d'adjoindre une colonie qui a une bonne mère à la colonie défectueuse, on extrait de leur ruche par l'asphyxie momentanée les abeilles de la colonie défectueuse, on les y remplace par celles de la colonie bien organisée tirées de leur propre panier par le tapotement, puis on réunit à celle-ci les abeilles qui ont été asphyxiées, et dont on supprime la mère. Lorsque, en effet, au lieu d'opérer de cette manière, on réunit la colonie bien organisée à la colonie défectueuse sans autre précaution que l'emploi de l'enfumage habituel, on voit la plupart du temps les abeilles de la colonie défectueuse accueillir sans difficulté les ouvrières de

la première mais en repousser et en chasser la
mère au bout de quelques jours. C'est ce qui a lieu
presque inévitablement lorsque la colonie défectueuse a des ouvrières pondeuses, en sorte que
l'opération n'a aucun résultat satisfaisant.

**251. Donner une mère aux orphelines en
juillet.** — Les orphelines en juillet n'élèvent pas
de jeunes mères au moyen du couvain d'ouvrières
qu'on leur fournit ; elles détruisent ou négligent
les œufs et les vers maternels qu'on leur donne ;
mais elles respectent assez habituellement, non
pas toujours cependant, les alvéoles maternels
operculés qu'on fixe dans leur ruche, et alors
elles adoptent la première mère qui arrive à
terme, de telle sorte que la colonie reprend l'état
normal. On peut donc tenter cette épreuve si l'on
a à cette époque des mères operculées à sa disposition.

252. Transport à la bruyère. — Lorsqu'on
n'est pas très-éloigné des bruyères et des blés
noirs, on y conduit ordinairement, vers le milieu
ou à la fin de juillet, les essaims pauvres et les
trévas.

On commence par emprisonner les abeilles
dans leurs ruches au moyen de toiles d'un tissu
clair mais résistant. Pour cela, le soir, après la
rentrée des abeilles et lorqu'elles sont montées

sur les rayons, ce à quoi on les contraint en leur lançant un peu de fumée par la porte et en élevant la ruche au-dessus de son tablier au moyen de quelques cales, on renverse et on entoile successivement toutes les ruches à transporter, en s'y prenant, par exemple, de la manière suivante, qui est assez expéditive et qui n'exige qu'une seule personne. L'opérateur se plaçant à droite ou à gauche de la ruche, dont le surtout a été enlevé, s'incline en avant sans ployer les genoux, et tend au-devant d'elle et tout près de terre une toile carrée dont il tient horizontalement un des côtés par ses extrémités au moyen de ses deux mains, puis, rapprochant la toile de la ruche de manière à couvrir l'entrée de celle-ci, il serre le bord du linge, qu'il n'a pas cessé de tenir de la même façon, contre la ruche, à quelques centimètres au-dessus du plateau, sur l'étendue de la moitié environ de la circonférence de la ruche, de telle sorte que, par le fait même du mouvement qu'il donne alors à la ruche pour la retourner, en la renversant d'avant en arrière, l'ouverture de celle-ci est recouverte par la toile sans qu'aucune abeille ait le temps de s'échapper ; un instant suffit alors pour tendre l'étoffe et la ficeler sur le bord extérieur du panier. Les ruches peuvent rester ainsi entoilées pendant plusieurs jours sans inconvénient pour les abeilles, pourvu qu'elles ne manquent pas d'air et qu'elles ne soient pas exposées à une grande chaleur.

On charge les ruches sur une voiture suspendue, sur le fond de laquelle on a disposé horizontalement des échelettes si ce fond n'est pas à claire-voie, afin que l'air puisse aisément circuler sous les ruches, et on les place sur la voiture dans leur position ordinaire, en les serrant les unes contre les autres ; on peut mettre un second étage de ruches au dessus des premières en interposant entre elles une couche de paille et en plaçant les dernières dans une position renversée ; enfin on lie le tout solidement. On effectue le voyage de nuit pour éviter la grande chaleur, qui ramollirait les rayons, et on marche au pas, si cela est nécessaire, pour éviter leur rupture. La rupture des rayons, en effet, occasionne la perte des ruches dans lesquelles l'accident se produit, les abeilles étant alors en totalité ou presque en totalité noyées dans le miel.

En mars et en octobre, le transport des ruches est beaucoup plus aisé, attendu que les ruches n'ont pas alors de jeunes gâteaux, qui sont très-fragiles, et que, d'autre part, la température est moins élevée.

Lorsqu'on est arrivé au but du voyage, on

dépose doucement les ruches, garnies de leurs toiles, aux places qu'elles doivent occuper, puis, au bout d'une heure, on enlève les toiles après avoir enfumé légèrement chaque ruche au travers de la toile même. Il n'est pas rare de voir des abeilles rapporter du pollen un quart d'heure après que les premières toiles ont été retirées.

On prend les mêmes précautions pour ramener les ruches du pâturage, soit au commencement d'octobre, pour avoir le temps de faire quelques réunions, s'il y a lieu, soit seulement après les premières gelées, qui mettent un terme à la floraison de la bruyère.

AOUT

253. Essaimage. — Dans les pays de blés noirs et de bruyères, c'est en juillet et en août qu'ont lieu l'essaimage et, à la suite, la récolte. Nous n'avons rien à ajouter ici à ce qui a été dit précédemment à l'égard de la surveillance et des opérations qu'exige le rucher pendant les quelques semaines suivantes pour reconnaître l'orphelinage et pour y remédier.

254. Achat des abeilles vouées à l'étouffage. — C'est une bonne spéculation pour l'api-

culteur, dans la deuxième quinzaine d'août et en
septembre, d'acheter à bas prix des étouffeurs
les abeilles des ruches vouées au soufre, pour les
réunir à ses propres colonies. Une ruche, en effet,
n'est jamais trop peuplée ; sa situation est même
toujours d'autant plus avantageuse qu'elle a une
plus nombreuse population. On peut agrandir
les ruches au moyen de hausses, si on le juge
nécessaire, et en augmenter les provisions par le
nourrissement ; mais il est constant qu'une forte
population ne consomme pas plus, en hiver, et
souvent consomme moins qu'une population
médiocre, ce qui s'explique aisément, puisqu'elle
conserve beaucoup plus facilement dans la ruche,
pendant cette saison, la température qui lui est
nécessaire, et que, par conséquent, les abeilles
ressentent moins le besoin d'absorber du miel
pour produire de la chaleur.

Or les étouffeurs ne consentent pas généralement au transvasement des ruches par le tapotement, qui est long, et qui permet aux abeilles d'emporter une petite quantité de miel ; mais on pourra
employer pour ce transvasement l'asphyxie
momentanée, qui est aussi prompte que l'étouffage, sauf à éteindre ensuite par le soufre les
abeilles que l'asphyxie n'aurait pas fait tomber
des rayons, afin qu'elles ne gênent pas, une fois

revenues à la vie, l'ouvrier chargé de vider les ruches de leurs gâteaux.

255. Compléter les provisions des colonies à conserver. — On doit, en septembre, compléter les provisions des colonies qui ont une bonne mère et une bonne population, mais qui n'ont pas sept ou huit kilogrammes de miel en magasin, ce dont on juge approximativement d'après le poids total de la ruche. Pour effectuer ce nourrissement, on met du miel coulant et de bonne qualité dans un vase peu profond et à large ouverture, tel qu'une assiette, par exemple, on couvre la surface de ce miel de débris de paille, de fragments de liége ou de rayons secs, en assez grande quantité pour que les abeilles, en s'y posant pour sucer le miel qu'ils recouvrent, ne risquent pas de s'engluer, et on place le soir ce vase sous la ruche à nourrir, de manière que le bas des gâteaux vienne toucher le miel. Les abeilles enlèvent ce miel en partie ou en totalité pendant la nuit. Le lendemain matin, avant la sortie des abeilles des autres ruches, on retire le vase avec le reste du miel, s'il en contient encore, afin d'éviter le pillage. On répète chaque jour cette opération jusqu'à ce que l'approvisionnement soit complet.

256. — Il faut alors donner largement le miel, un kilogramme à la fois ou davantage, autant, en un mot, que les abeilles peuvent en enlever pendant la nuit, pour que l'approvisionnement soit promptement terminé, parce que les abeilles emmagasinent ce miel et l'operculent, tandis que la nourriture donnée à petites doses provoquerait une production de couvain, qui, vu la saison avancée, pourrait périr de froid en tout ou en partie et causer la loque. En février et mars, au contraire, la nourriture doit être donnée à petites doses et par le haut de la ruche, parce que les abeilles ne prennent pas toujours, à cause de la basse température de la saison, le miel qui leur est présenté par le bas, et parce que, une fois enlevé, elles le consomment très-vite sans l'operculer; d'où il résulte que, les soins de nourrissement devant être continus au printemps, il y aurait une perte assez forte sur la quantité du miel employé, et que l'excès des aliments absorbés par les abeilles pourrait déterminer la constipation ou la dyssenterie, si l'on employait, au sortir de l'hiver, le procédé de nourrissement que nous conseillons pour l'automne.

257. Réunion en septembre des colonies

faibles en population. — Les colonies faibles en population à cette époque de l'année, doivent être réunies à d'autres ruches, bien que leurs mères soient bonnes, en prenant toutefois des précautions pour n'en point perdre le couvain. Ce sont généralement des trévas ou des essaims, et leurs provisions sont toujours minimes. Il ne faut pas songer à compléter l'approvisionnement de ces colonies, à moins qu'on n'ait doublé ou triplé leur population par des réunions, attendu que, vu le petit nombre des abeilles qui les composent, elles n'en périraient pas moins à cause du froid pendant l'hiver.

258. — Pour faire les réunions dont il s'agit, on peut opérer de diverses manières. En premier lieu, on peut employer l'asphyxie momentanée ; mais nous devons faire observer qu'elle n'est pas commandée dans cette circonstance, car, les mères des deux colonies étant bonnes, du moins en général, il n'y a pas lieu de déterminer d'avance quelle est celle des deux mères qu'il convient de conserver.

En second lieu, on peut employèr le transvasement par tapotement, qui, dans cette saison, réussit assez bien si les gâteaux de la ruche à transvaser ne sont pas très-courts et si la colonie à très-peu de couvain.

259. — En troisième lieu, lorsque les rayons de la ruche dont on veut enlever les abeilles sont très-courts et contiennent très-peu de miel, on peut, après avoir enfumé cette ruche, la retourner et la maintenir quelques secondes dans cette position ; les abeilles montent et s'accumulent vers les extrémités des rayons, et alors on les secoue brusquement, en évitant autant que possible la rupture des rayons, dans la ruche à laquelle on veut les réunir, préalablement enfumée ; un grand nombre d'abeilles sont ainsi précipitées dans cette dernière, et on renouvelle cette manœuvre cinq ou six fois de suite, c'est-à-dire, jusqu'à ce que toutes les abeilles de la première ruche aient été ainsi versées dans la seconde.

260. — En quatrième lieu, on peut superposer les deux ruchées à réunir, en les faisant communiquer entre elles aussi largement que possible, après les avoir fortement enfumées. A cet effet, on renverse l'une des deux ruches et on la recouvre de l'autre, après avoir disposé entre elles, en continuité des gâteaux de l'une et de l'autre, des rayons vides, arrosés de miel. Il convient, comme dans tous les cas de réunion, de choisir des colonies voisines, et de faire la superposition le soir ; on laisse les choses en cet état et, au bout d'une vingtaine de jours, on enlève celle des deux ruches qui n'a plus d'abeilles, et qui est presque toujours la ruche inférieure.

Nous avons vu que les ruches à hausses sont singulièrement commodes pour opérer les réunions par superposition.

261. Conservation des bâtisses. — Les réunions faites en automne laissent à l'apiculteur un certain nombre de bâtisses propres qui pourront être utilisées l'année suivante. Ces bâtisses sont une avance considérable pour les abeilles auxquelles on les fournit au moment de la miellée, spécialement pour appliquer le culbutage ou le calottage, et leur permettent d'y accumuler un surplus de miel qui représente jusqu'à sept ou huit fois leur valeur comme cire. Il importe donc de réserver les bâtisses et les cires propres pour s'en servir à l'occasion ; mais il faut prendre pour leur conservation des précautions indispensables et immédiates, sans lesquelles elles seraient infailliblement et en peu de temps dévorées par la *fausse-teigne*. Ces précautions consistent à les exposer au gaz résultant de la combustion du soufre et à les placer ensuite dans une cave fraîche, mais non humide, de peur que les rayons ne se moisissent. Les bâtisses vieilles, que l'on reconnaît à leur coloration, et celles qui contiennent du pollen sont démolies et mises à la fonte.

262. Récolte des vesses-de-loup. — Le *lycoperdon*, nommé vulgairement *vesse-de-loup*, parce que son enveloppe éclate sous la moindre pression et laisse échapper un nuage de poussière, est un champignon qui croît en septembre au milieu du gazon, dans les prairies, sur les collines, etc. Il est globuleux, d'un blanc pâle, plus ou moins volumineux, sans pédicule. Le lycoperdon géant ou *Bovista*, la plus grosse espèce connue, offre des individus dont le diamètre est de quarante à quarante-cinq centimètres. On se sert du lycoperdon desséché, sans autre préparation, en guise d'amadou, soit contre les hémorragies, soit pour allumer du feu, car il prend feu facilement au moyen d'une étincelle et brûle sans flamme. La propriété de la fumée de la vesse-de-loup d'être anesthésique est connue, pour ainsi dire, de toute antiquité, et appliquée de temps immémorial au maniement des abeilles en Russie et en Pologne.

C'est en septembre qu'on récolte les vesses-de-loup. Il suffit de les faire sécher en les suspendant en chapelet au moyen d'un fil et en les exposant à l'air ; on les conserve ensuite pour l'usage.

OCTOBRE

263. Cesser tout nourrissement. — En octobre, au moment où les premiers froids sont sur le point de se faire sentir, toutes les réunions sont terminées, et l'apier bien conduit ne se compose plus que de ruchées en bon état, c'est-à-dire, ayant une bonne mère, une bonne population et au moins sept ou huit kilogrammes de miel en magasin. Si, pour quelques-unes, la provision était un peu au-dessous de ce chiffre, il faudrait se garder néanmoins de les nourrir, parce que la nourriture donnée dans cette saison avancée, fût-elle de très-bonne qualité, pourrait avoir pour effet de provoquer la dyssenterie, qui apparaîtrait plus tard. On devra attendre au mois de février ou de mars pour aider, s'il y a lieu, ces colonies à parvenir à la saison des fleurs.

264. Achat de colonies en octobre. — Il se fait en octobre de nombreux marchés de colonies, parce que la saison est alors favorable au transport des ruches ; mais il est clair qu'on ne doit, à cette époque, acheter que de très-bonnes ruchées, et qu'on doit les payer moins cher qu'au printemps puisqu'il reste à courir tous les risques de l'hiver.

NOVEMBRE

265. Remplacement des surtouts. — A la fin
d'octobre et en novembre, l'apiculteur doit examiner les surtouts des ruches et remplacer ceux
qui ne seraient pas en état de préserver convenablement les abeilles de l'humidité provenant
de la pluie ou de la neige, ainsi que des froids
rigoureux de l'hiver.

266. Confection d'un surtout. — Pour faire
un surtout, on prend une botte de paille de sei-
gle, ou glui, du poids de deux kilogrammes et
demi à trois kilogrammes, débarrassée d'herbes,
et on la lie provisoirement, à une hauteur de
soixante ou soixante-dix centimètres au-dessus
de sa base, au moyen d'une corde. On mouille
ensuite la paille avec un peu d'eau, de chaque
côté de ce lien, sur une étendue de dix à quinze
centimètres, pour la ramollir ; puis on la lie de
nouveau au moyen d'un fil de fer, qui doit remplacer la corde, et qu'on serre très-fortement.
Après quoi on peut se contenter de rabattre la
partie supérieure de la paille autour du fil de fer,
et de faire un nouveau lien autour de la paille
rabattue, ce qui forme la tête du surtout. Il suffit

11.

ensuite d'écarter la paille du surtout et d'en couvrir la ruche. On maintient le surtout convenablement étendu sur la ruche moyennant un cer-
cle de bois ou de fil de fer ; on en couvre la tête
d'un vase renversé, et on rogne un peu la paille
devant l'entrée de la ruche pour en faciliter
l'accès aux abeilles.

267. Perfectionnement du surtout. — Après
avoir remplacé le premier lien de corde par le
fil de fer, on continue le travail de la manière
suivante. On s'assied et on place le faisceau de
paille debout devant soi. On saisit au-dessus et tout
près du lien de fil de fer une pincée de paille
capable de former un cordon de la grosseur du
doigt et l'on tord ce cordon sur lui-même de
gauche à droite sur une longueur de six à huit
centimètres à partir de son origine en inclinant
ce cordon vers le sol ; on prend de même une
seconde pincée de paille à gauche de la première
par rapport à l'opérateur, et on la tord de la
même façon ; puis, commençant à cordeler ensemble ces deux cordons, on fait passer de droite
à gauche le premier au-dessus du second puis
dans le même sens le second au-dessus du premier et on s'arrête. Arrivé à ce point, si l'on
appuie ce second cordon horizontalement sur la
gauche, on voit que le premier se trouve fixé et

dirigé vers le bas du surtout ; d'où il résulte qu'il
suffit de cordeler de même la suite de ce second
cordon avec un troisième pris à gauche du second,
en abandonnant le premier, ensuite ce troisième
avec un quatrième, et ainsi de suite, jusqu'à ce
que toute la paille qui surmonte le lien de fil de
fer ait été successivement convertie en cordons, dont chacun retient ainsi le précédent, et
qu'il ne reste à la fin qu'un dernier cordon, que
l'on arrête, après l'avoir cordelé avec l'avant-
dernier, en le faisant passer tout entier sous l'ar-
cade formée par celui qui le précéde de trois ou
quatre rangs. Cette manière de disposer la tête
du surtout, lorsqu'on a eu soin de serrer la paille
en faisant le travail, la rend à peu près imper-
méable à la pluie, et dispense de faire un nouveau lien et d'employer un vase renversé pour
servir de faîtière.

268. — On étend ensuite le surtout sur une
ruche vide, autour de laquelle on égalise avec
soin la paille, et on pose par-dessus un cerceau
de fil de fer galvanisé qu'on suspend à la paille
par différents points avec quelques nœuds de
ficelle pour qu'il ne monte ni ne descende et reste
parfaitement horizontal pendant l'opération du
cousage, laquelle consiste à lier par petits fais-
ceaux contigus la paille au cerceau, en sorte que,

lorsque le surtout est terminé, on peut le placer et le déplacer d'une seule main sans qu'il se déforme et sans froisser la paille ; le travail de l'apiculteur dans les soins qu'il donne aux abeilles dans le cours de l'année est ainsi beaucoup abrégé et la durée du surtout augmentée considérablement, ce qui constitue deux avantages d'une réelle importance.

269. Placer des grilles aux entrées des ruches. Musaraignes et mulots. — On s'occupe également en novembre de garnir pour l'hiver les entrées des ruches de grillages à mailles assez grandes pour laisser passer largement les abeilles, mais assez petites pour empêcher les petits rongeurs, tels que les *musaraignes* et les *mulots*, de pénétrer dans les ruches pendant la saison froide. Les musaraignes ne semblent, il vrai, chercher dans les ruches qu'un abri et de la chaleur, mais elles agitent les abeilles par leurs mouvements et il est possible qu'elles leur nuisent par leur odeur spéciale. Mais les mulots sont extrêmement dangereux, car ils dévorent le miel, la cire et les abeilles elles-mêmes, et se font des nids de feuilles dans le haut des ruches au milieu du vide qu'ils ont pratiqué en détruisant une partie des rayons.

DÉCEMBRE ET JANVIER

270. Courtes visites au rucher. — En décembre, janvier et février, on veille à ce que les entrées des ruches ne soient pas obstruées par la neige ou par les cadavres d'abeilles qui peuvent s'y trouver accumulés; on vérifie si les plateaux sont suffisamment inclinés en avant pour que, aux dégels, les eaux de l'intérieur des ruches s'écoulent aisément au dehors; enfin, si l'humidité est très-grande, on élève la ruche de quelques millimètres au-dessus de son plateau au moyen de trois petites cales, pour y établir un courant d'air, afin d'éviter la moisissure des rayons et la dyssenterie qui pourrait affecter les abeilles.

271. Réparation du matériel apicole. — C'est pendant ces mois d'hiver qu'on nettoie ou qu'on achève de nettoyer les ruches, calottes, hausses, plateaux, bâtonnets, etc., qui ont servi; qu'on répare entièrement le matériel apicole, et qu'on se procure, en les fabriquant soi-même, au besoin, toutes les parties de ce matériel qui pourront être nécessaires, afin que tout soit prêt pour la prochaine campagne.

272. Déplacement des ruches. — On profite également de l'hiver, qui empêche les abeilles de

sortir, pour opérer dans le rucher les changements de disposition qu'on juge utiles, et l'on
choisit, pour effectuer ces changements, une époque où les abeilles sont retenues dans leurs ruches
depuis une période déjà un peu prolongée de
mauvais temps ou de froid.

Le déplacement des ruches dans la belle saison, à moins qu'on ne les porte à une distance
très-grande, de trois ou quatre kilomètres au
moins, produirait un effet désastreux, attendu que
presque toutes les abeilles qui sortiraient de ces
ruches pour leur travail pendant les deux jours
suivants, reviendraient naturellement à leurs
places habituelles, ne retrouveraient plus leurs
familles, le déplacement ne fût-il que de quelques mètres, et périraient infailliblement. C'est
pour ce motif que, en toute saison autre que la
saison froide, c'est au loin qu'il faut acheter les
abeilles qu'on doit transporter chez soi, si ce
n'est les essaims à la branche.

273. — On peut toutefois, sans inconvénient,
pendant la belle saison, élever, avancer ou recu-
ler une ruche de quinze à vingt centimètres, la
laisser dans cette nouvelle position pendant une
couple de jours, et répéter ensuite la même opération autant de fois qu'on voudra. On parvient

ainsi, avec le temps, à amener la ruche à une place plus ou moins éloignée de sa place primitive, et où il aurait été impossible de la transporter tout d'abord sans occasionner la perte d'un grand nombre d'abeilles.

CHAPITRE VIII

MALADIES ET ENNEMIS DES ABEILLES

MALADIES DES ABEILLES

274. Trois maladies principales. — Nous
n'avons à signaler que trois maladies des abeilles,
savoir : la *diarrhée*, la *constipation* et la *loque* ou
pourriture du couvain. Nous ne dirons rien de
quelques autres affections, telles que le *vertige*,
le *mélanisme*, caractérisé par la forte coloration
en noir de quelques individus, etc., attendu
qu'elles n'atteignent qu'un petit nombre d'abeilles,
qu'on en ignore les causes, et qu'on n'y connaît
pas de remèdes.

275. Dyssenterie. — La *dyssenterie* consiste
en ce que les abeilles laissent échapper leurs

excréments dans la ruche, ce qui n'arrive jamais lorsqu'elles sont bien portantes. Outre que ces excréments vicient l'air de l'habitation, il en tombe une partie sur les rayons et sur les parois de la ruche, qu'ils salissent, et sur d'autres abeilles, qu'ils engluent et qu'ils étouffent en obstruant leurs voies respiratoires ou trachées, lesquelles s'ouvrent, comme chez tous les insectes, sur les côtés de leur corps. Cette maladie répugnante, qui paraît en grande partie due à un excès d'humidité de l'atmosphère intérieure de la ruche, atteint surtout les colonies que l'on a nourries en octobre, novembre ou décembre, et spécialement celles auxquelles, par une économie mal entendue, on a donné une nourriture trop aqueuse ou de mauvaise qualité. Elle se manifeste particulièrement au mois de février. On doit se hâter d'y porter remède en changeant le plateau, en aérant la ruche, en enlevant les gâteaux salis, et en donnant à la colonie du miel de très-bonne qualité qu'on a fait fondre par la chaleur ; on a conseillé d'ajouter à ce miel quelques gouttes d'un vin généreux. Il est naturellement préférable d'éviter cette maladie, en n'exposant pas les abeilles aux causes qui la produisent et que nous venons d'indiquer.

276. Constipation. — La constipation tient

à ce que les abeilles logées dans des ruches à
parois trop minces, éprouvant pendant l'hiver
le besoin de produire beaucoup de chaleur pour
entretenir à un degré convenable la température
de leur demeure, consomment dans ce but une
grande quantité de miel et ne peuvent plus se
débarrasser de leurs excréments. Cette affection,
qui ne paraît pas se communiquer d'une abeille
à une autre, fait périr néanmoins un grand
nombre d'abeilles de la colonie où elle se manifeste. Il importe donc de ne conserver pour
l'hiver que des colonies bien peuplées, et de
n'employer que des ruches à parois suffisamment
épaisses, car on ne connaît pas de moyens de
guérir cette affection ; les abeilles atteintes de
constipation refusent d'ailleurs de prendre la
nourriture qu'on leur offre, quelle qu'elle soit.

277. Loque. — La loque paraît avoir égale
ment pour cause l'usage de ruches à parois minces et par conséquent froides. Lorsqu'un abaisse-
ment sensible de la température survient dans un
moment où la colonie a une certaine quantité de
couvain, les abeilles, éprouvant le besoin de se
rapprocher les unes des autres, laissent à découvert une partie de ce couvain, qui périt et entre
bientôt en décomposition. Les cadavres per-
dent rapidement toute consistance, en sorte que

les abeilles ne peuvent les enlever ; et la ruche
prend une affreuse odeur de viande corrompue,
qu'on peut sentir du dehors, et qui infecte et fait
périr le couvain restant. Cette pourriture du couvain, qui se transmet aisément aux autres ruches,
constitue la maladie éminemment contagieuse
désignée sous le nom de *loque*.

278. — La seule chose à faire, à notre avis,
lorsque la loque se montre dans une ruche, est de
se débarrasser au plus vite de la colonie atteinte,
en étouffant les abeilles par le soufre, en démo-
lissant les constructions et en faisant brûler toutes
les parties de rayons qui contiennent du couvain.
Le miel provenant d'une ruche loqueuse peut,
sans doute, être employé comme miel inférieur à
divers usages, mais on doit se garder de s'en servir pour nourrir les abeilles, parce qu'il leur
communiquerait l'affreuse maladie. Quant au
panier, si l'on veut le conserver pour y loger
plus tard une colonie, ce que nous sommes loin
de conseiller, on devra le nettoyer à fond, le
passer au soufre et l'exposer au grand air pendant plusieurs mois, avant de s'en servir.

279. — Cependant on a pu, paraît-il, guérir
des colonies loqueuses, en opérant de la manière
suivante. On transvase les abeilles dans un panier
vide ; on enlève avec le cératome tous les rayons

qui contiennent du couvain, et on passe la ruche au soufre ; puis on réintègre les abeilles dans la ruche et on leur donne du miel auquel on a mélangé de la fleur de soufre. — Il est évident que si l'on veut tenter de guérir une ruche loqueuse, on doit avant tout l'éloigner à une grande distance de l'apier, et ne l'y admettre de nouveau que beaucoup plus tard et seulement lorsqu'on a la pleine certitude que sa guérison est complète.

280. Observation générale sur les maladies des abeilles. — En résumé, pour ce qui concerne les maladies des abeilles, il est clair qu'on les évitera presque à coup sûr en prenant soin d'aérer les ruches dans la saison froide, lorsque le besoin s'en fait sentir, de ne donner de la nourriture aux colonies qu'en saison favorable, et seulement celle qui leur convient, c'est-à-dire, de bon miel, et enfin de ne les loger que dans de bonnes ruches. Ces précautions sont aussi simples qu'importantes.

281. Emploi du sucre pour nourrir les abeilles. — On peut nourrir les abeilles au printemps avec du sirop de sucre formé de dix parties de sucre pour cinq ou six parties d'eau ; cette nourriture leur est même très-favorable en cette saison, parce qu'elle avance et active la ponte de la mère. Mais en automne il en est différemment,

car le sirop de sucre pur, que les abeilles emmagasinent et operculent comme le miel, est sujet
à se candir dans les alvéoles, ce qui le rend inutile
aux abeilles.

282. Les meilleures ruches. — Quant aux
meilleures ruches, ce sont celles qui conservent
le mieux la température intérieure, telles que
celles qui sont formées d'épais cordons de paille,
ou bien les ruches en vannerie recouvertes extérieurement d'une épaisse couche d'un enduit,
appelé *pourjet*, formé de bouse de vache mélangée
d'un tiers de sable ou de cendre et délayée avec
de l'eau chargée d'un peu de colle; cet enduit
est très-poreux et très-mauvais conducteur de la
chaleur. De plus, toutes les ruches non abritées
sous un rucher couvert doivent être munies d'un
bon surtout de paille qui les préserve, non-seulement de la pluie et de la neige, c'est-à-dire de
l'humidité, mais encore des ardeurs du soleil et
du refroidissement causé par le rayonnement
nocturne.

ENNEMIS DES ABEILLES

283. Énumération des ennemis des abeilles.
—Outre la musaraigne et le mulot, qui pénètrent
dans les ruches pendant l'hiver, et dont nous

avons parlé plus haut, nous devons citer un certain nombre d'ennemis des abeilles, savoir, parmi les oiseaux : l'hirondelle de cheminée, la mésange, le guêpier ou abeillerole, le pivert, qui mangent les abeilles ; parmi les reptiles : le crapaud, qui dévore également les abeilles ; et, parmi les insectes : la guêpe et le frelon, la fourmi, l'araignée, le papillon tête-de-mort, la fausse-teigne, le pou des abeilles, et enfin les abeilles elles-mêmes.

284. — Le moineau et le rossignol, qu'on voit souvent près des ruches, ne mangent pas les abeilles ; mais ils recherchent avidement les larves et les nymphes blanches que celles-ci rejettent des ruches. Il en est de même du lézard gris, qui se tient sous les tabliers et les surtouts, et qui est également friand du couvain imparfait que les abeilles portent hors des ruches, mais qui n'attaque pas les abeilles.

285. Guêpes et frelons. — Les guêpes viennent rôder près des ruches et prennent au bas des entrées les toutes jeunes abeilles et le couvain éliminés des colonies, et les emportent par fragments pour nourrir leurs petits ; mais elles n'attaquent les abeilles adultes que lorsque celles-ci sont faibles et isolées. Cependant on les voit pénétrer dans les ruchées en décadence, où

elles tuent beaucoup d'abeilles, pour en emporter, soit le corselet, soit l'abdomen. Les
colonies bien organisées sont à l'abri des atteintes
des guêpes, ainsi que les abeilles isolées qui sont
en bonne santé. Quant aux frelons, beaucoup
plus gros et plus forts que les guêpes, leurs
ravages, s'ils attaquent les ruches, doivent être
beaucoup plus graves.

286. Fourmis. — Les fourmis ne paraissent
pas être très-dangereuses pour les abeilles ; toutefois, leur présence sur le tablier, dans l'intérieur
d'une ruche, doit appeler l'attention de l'apiculteur sur l'état de la colonie où le fait est observé ;
il est à croire, en effet, que les abeilles de cette
colonie n'ont en magasin que du miel granulé,
dont elles font tomber des débris en cherchant à
en retirer la partie encore liquide, et que ces débris sucrés attirent les fourmis. On cite néanmoins des exemples de colonies détruites par
certaines fourmis.

287. Araignées. Epeire diadème. — Parmi
les araignées, dont un grand nombre, sans doute,
font leurs victimes des abeilles dont elles peuvent
se saisir, il en est une surtout, l'*épeire diadème*,
que l'apiculteur doit connaître, parce qu'elle
détruit beaucoup d'abeilles à la fin de l'été, et
qu'elle semble se multiplier spécialement près

des ruchers. C'est une grosse araignée qui dispose entre des arbustes voisins, en août et septembre, de larges toiles verticales, dont les fils de soutien, en traversant les allées de jardin, brident souvent si désagréablement le visage des promeneurs. Ces toiles, fort reconnaissables à leur structure, sont formées de rayons issus d'un centre et liés par des fils équidistants contournées en spirale autour de ce centre. L'araignée occupe quelquefois le milieu de sa toile ; plus souvent elle est aux aguets dans le voisinage, cachée dans une feuille roulée. Lorsqu'une abeille est arrêtée dans son vol par la toile, l'araignée se précipite sur sa victime et l'enveloppe complétement de fils qu'elle produit en même temps qu'elle la fait tourner entre ses pattes, pour la rendre inoffensive et se repaître ensuite à loisir de sa substance.

Avant l'hiver, cette araignée pond un grand nombre d'œufs dans une sorte de cocon de soie jaune assez résistante, qu'elle construit sous un abri, souvent sous le surtout d'une ruche ou sous le vase qui le surmonte, Les jeunes épeires éclosent en mai ; elles sont alors d'un jaune éclatant, avec une tache noire sur la partie dorsale de l'abdomen, et se tiennent groupées le jour de leur naissance, ressemblant ainsi à un paquet de perles. Au moindre mouvement qu'on

imprime à leur réunion, elles se laissent tomber
à différentes hauteurs en se retenant chacune
à un fil, ce qui forme véritablement un spectacle
assez gracieux.

L'épeire est facile à détruire à peu près pendant toute la durée de son existence ; l'apiculteur ne doit pas y manquer.

**288. Papillon tête-de-mort ou sphinx atro-
pos.** — Le *sphinx atropos* est un gros papillon de nuit dont la chenille vit sur les feuilles de
la pomme de terre. Il vient voltiger le soir, en
août et septembre, dans l'apier, et cherche à
pénétrer dans les ruches pour s'y gorger de miel.
Son vol ressemble à celui de la chauve-souris et
paraît effrayer beaucoup les abeilles, car on voit
celles-ci se grouper aux entrées et y former
comme une muraille vivante pour arrêter l'ennemi. Ce papillon, qu'on nomme *tête-de-mort* à
cause de quelques taches d'un aspect particulier
qu'il porte à la partie dorsale de son corselet, fait
entendre, lorsqu'on le tient entre les doigts, un
cri singulier, que l'on a comparé au cri *tûh* de
l'abeille mère, et son contact fait éprouver une
sensation singulière et désagréable. Le sphinx
atropos n'est heureusement pas très-commun,
car il absorbe une grande quantité de miel ; nous

en avons trouvé sept ou huit grammes dans l'estomac d'un seul de ces animaux.

289. Fausse-teigne. — La *fausse-teigne* est
une chenille d'un blanc sale qui vit dans les
ruches, où elle mange la cire des rayons. Cette
chenille a soin de s'entourer d'un tube de soie,
qu'elle file à mesure qu'elle s'avance, et qui la
préserve des atteintes des abeilles. Pendant
l'hiver, celles de ces chenilles qui ne sont pas
encore parvenues au développement nécessaire
pour leur transformation en chrysalide, se reti-
rent dans quelque coin de la ruche, où elles
restent immobiles, pour reprendre leur activité au
printemps. Arrivées à la taille d'environ vingt-
cinq millimètres de longueur sur à peu près cinq
millimètres de diamètre, elles s'enferment dans
des cocons très-résistants de soie blanche, pour y
subir leurs métamorphoses ; ces cocons sont souvent réunis en nombre plus ou moins grand
dans certains points de certaines ruches. Il sort
de ces cocons des papillons de nuit d'un gris
foncé, qui répandent une odeur désagréable, et
qui pondent, dans les vingt-quatre heures qui
suivent leur éclosion, un grand nombre d'œufs.
Enfin ces œufs donnent bientôt naissance à de
nouvelles fausses-teignes ; en sorte que plusieurs

générations de cette chenille peuvent se succéder dans le courant de la même année.

Il existe un seconde espèce de fausse-teigne, beaucoup plus petite, et qui a sensiblement les même mœurs.

290. — Les fausses-teignes seraient un fléau qui rendrait impossible la culture des abeilles si celles-ci ne savaient, sinon les détruire complétement, du moins en rendre le nombre presque insignifiant. En effet, la poursuite des papillons est, pour ainsi dire, impossible pour l'apiculteur, parce qu'ils courent avec une grande agilité, et leur destruction illusoire, parce que, la plupart du temps, leur ponte est déjà effectuée lorsqu'on les aperçoit. Quant à la recherche des larves et des cocons, elle est impraticable dans la ruche à rayons fixes ; elle n'est réellement possible que dans les ruches à rayons mobiles, où d'ailleurs elle paraît être indispensable. Mais les colonies se défendent fort bien de la fausse-teigne lorsqu'elles ont une bonne mère et une bonne population, et que les ruches ne présentent pas intérieurement de coins, d'angles, de rainures, etc., qui sont autant d'abris pour les fausses-teignes ; et c'est là, à notre avis, une des bonnes raisons qui doivent faire préférer les ruches de forme arrondie à l'intérieur et pourvues seulement de bâtonnets de soutien pour les rayons, aux ruches anguleuses et surtout à celles qui renferment une charpente de cadres plus ou moins compliquée.

291. — On reconnaît la présence des fausses-teignes dans une ruche à leurs excréments, qui tombent sur le tablier sous la forme de grains noirs plus ou moins fins. Mais, lorsque ce signe apparaît, on a déjà pu remarquer que l'activité de la colonie est médiocre et la population en décroissance. Il est donc grand temps d'employer les moyens propres à sauver ces abeilles, soit en augmentant la population de la ruche par la permutation, si l'on a la certitude qu'elle a une bonne mère, ce qui est peu probable, soit en y adjoignant un essaim, après avoir enlevé la mère défectueuse, soit préférablement, pour la plupart des cas, en transvasant les abeilles pour les réunir à une ruchée voisine.

292. — Mais si l'apiculteur, en suivant nos conseils, n'a rien à appréhender de la fausse-teigne pour la prospérité de ses colonies, il a au contraire tout à en craindre, sauf pendant l'hiver, pour les rayons qu'il tire des ruches lors de la récolte et pour les bâtisses qu'il désire conserver, car tout serait bientôt dévoré par cette vermine s'il ne se hâtait de procéder à la fonte des rayons dont il se propose d'obtenir la cire, et de prendre

les précautions que nous avons indiquées précédemment pour préserver ses bâtisses, et qui consistent, après les avoir passées au soufre, à les
envelopper de manière à éviter de nouvelles
atteintes des fausses-teignes, et à les garder dans
un lieu frais et sec.

293. Pou des abeilles. — Le pou des abeilles
est un petit insecte dont le corps est globuleux
et d'un rouge brun et luisant, d'un peu moins
d'un millimètre de diamètre, et qu'on trouve
accroché au corselet d'un certain nombre d'abeilles
chez les colonies logées dans une vieille cire. Sa
présence est généralement un signe de décadence
de la colonie ; cependant les abeilles parviennent
quelquefois à faire disparaître ce parasite lorsque
la population de la ruche éprouve un certain
accroissement. On évite cette affection en ne
laissant pas vieillir les rayons au delà de deux ou
trois ans.

On distingue plusieurs espèces de poux des
abeilles.

294. Les abeilles. — Enfin, il est un ennemi
plus redoutable pour les abeilles que tous ceux
que nous avons signalés jusqu'ici: ce sont les
abeilles elles-mêmes en cas de pillage.

PILLAGE

295. Premiers indices de disposition au pillage. — Lorsque le miel est devenu rare dans la campagne, on voit presque constamment des abeilles rôder, dans une intention de pillage, autour des entrées des ruches, comme pour s'instruire de l'état des colonies d'après la manière dont elles sont gardées. La rôdeuse se reconnaît aisément à son vol particulier, tantôt fixe, tantôt saccadé, devant l'entrée d'une ruche, et qu'elle rompt subitement de temps à autre, en se jetant brusquement de côté, comme pour éviter une atteinte; puis elle revient, observe à droite, à gauche, en haut, en bas, et quelquefois se pose sur le côté de l'entrée, à une petite distance, cherchant quelque moyen de mettre en défaut la vigilance des gardiennes et d'entrer dans la place. Souvent plusieurs abeilles font ainsi simultanément l'office d'explorateurs devant une même ruche. Malheur alors à la colonie, si elle est orpheline, ou si elle n'a qu'une faible population ! Car les gardiennes sont bientôt fatiguées de la surveillance incessante qu'elles ont à exercer et, par conséquent, cette colonie deviendra à coup sûr victime du pillage si l'apiculteur ne vient promptement à son aide pour la préserver.

296. Pillage effectif. — Lorsqu'une abeille a pu pénétrer impunément dans une ruche qui n'est pas la sienne, et y dérober du miel, elle se hâte de retourner près des siens et *de les informer* de la possibilité de s'introduire comme elle dans la ruche étrangère, et alors ce sont quinze, vingt rôdeuses qui viennent assaillir la malheureuse colonie, lasser les sentinelles, combattre corps à corps celles qui se précipitent sur les aggresseurs pour les éloigner. Bientôt le nombre des assiégeants augmentant, l'entrée est forcée, la bataille se continue dans la ruche, dont tous les habitants sont successivement mis à mort, non sans s'être courageusement défendus ; et le pillage se poursuit au milieu des cadavres jusqu'à ce que les rayons de la ruche pillée soient entièrement vides de miel.

297. Extension du pillage. — Mais là ne se borne pas toujours l'étendue du désastre. En même temps que le pillage s'accomplit dans une ruche, une foule d'abeilles viennent attaquer les colonies voisines ; de furieux combats s'engagent devant les entrées ; beaucoup d'abeilles périssent et plusieurs autres ruches peuvent être pillées de dé la même manière le même jour et les jours suivants.

298. Prévenir le pillage. — Lorsqu'une ruche est menacée de pillage, on doit en diminuer considérablement l'entrée, pour en rendre la défense plus facile ; un tampon de papier, de linge ou même d'herbe sèche suffit pour cela. Si l'on s'aperçoit que quelques rôdeuses parviennent à pénétrer dans la ruche, il faut en réduire l'entrée à un simple trou par lequel deux abeilles au plus puissent passer à la fois, et surveiller l'effet de cette mesure ; car le plus souvent les étrangères n'osent pas s'aventurer dans une ouverture aussi étroite et si facile à défendre, et le pillage est évité. Mais c'est le soir seulement qu'on pourra sans inconvénient agrandir de nouveau l'entrée de la ruche pour donner de l'air aux abeilles, et le lendemain on viendra de temps en temps vérifier si la colonie n'est pas l'objet d'une nouvelle tentative de pillage.

299. Arrêter le pillage. — Si, malgré la diminution extrême de l'entrée de la ruche, on voit des abeilles étrangères, qu'on reconnaît assez aisément à leurs allures, y entrer presque sans hésitation, et, à plus forte raison, s'il se fait un grand bruit autour de la ruche, et si déjà l'on aperçoit sur le sol des cadavres d'abeilles tuées, il faut sans délai enfumer fortement cette ruche, y renfermer, au moyen d'une toile, toutes les abeilles

qui s'y trouvent, et la transporter aussitôt à une
place un peu éloignée, puis revenir observer les
ruches voisines, et mettre en état de défense celles
qui sont menacées. Quant à la ruche entoilée,
ce n'est que le lendemain ou le surlendemain à
fin du jour que, après l'avoir remise à sa place,
on en retirera la toile, et on en réunira les abeilles
à une colonie voisine, à moins qu'il ne lui reste
encore une bonne population et qu'on n'ait la
certitude qu'elle a une bonne mère.

**300. Imprudences pouvant causer le pil-
lage.** — Lorsque le pillage se produit dans les
circonstances qui viennent d'être indiquées, c'est
un accident, qu'on doit chercher à éviter; mais,
dans certains cas, le pillage peut être occasionné
par l'imprudence même de l'apiculteur.

En effet, en toute saison, les abeilles sont fortement attirées par les émanations du miel coulant. C'est ainsi que, lorsque du miel coulant est
exposé en plein air, il est bientôt découvert par
quelque abeille cherchant pâture. Celle-ci commence par se gorger de ce miel, puis retourne à
sa ruche, non sans avoir voltigé quelques instants
autour du trésor pour en bien fixer la position
dans sa mémoire, non-seulement afin de pouvoir
le retrouver elle-même, mais afin de donner aux
abeilles de sa colonie, (le fait n'est pas douteux

quelque étonnant qu'il puisse paraître,) des ren-
seignements aussi certains que possible à ce
sujet. Bientôt c'est par douzaines, par centaines,
que celles-ci viennent puiser à la précieuse source,
jusqu'à l'enlèvement complet du miel ou jusqu'à ce que, la nuit survenant, la fraîcheur de
l'atmosphère et l'obscurité les empêchent de
continuer leur travail.

301. — Or, l'odeur du miel coulant qui se
trouve dans une ruche les attire pareillement, et,
comme les abeilles de cette ruche sont elles-
mêmes fort occupées à le recueillir, l'entrée en
est mal gardée, et il n'est pas difficile à une étrangère d'y pénétrer; dès lors le pillage est imminent.
De là la nécessité de ne remettre à leurs places
que le soir les ruches qu'on a taillées, et de luter
avec soin les bords de ces ruches sur leurs plateaux, afin qu'aucune goutte de miel ne puisse
couler en dehors. De là aussi l'importance qu'il
y a, lorsqu'on nourrit les abeilles au moyen d'un
vase placé sous la ruche, de n'y mettre ce vase
que le soir et de l'enlever le lendemain de grand
matin avec le miel qui peut s'y trouver encore,
avant la sortie des abeilles des autres ruches.

302. — Enfin, l'exposition en plein jour et à
peu de distance du rucher de gâteaux de cire
contenant un peu de miel,   de ruches qui ont

été récoltées entièrement, mais dont les parois sont restées grasses, dans le but de faire profiter les abeilles de ce miel, peut aussi occasionner le pillage. On devra donc n'exposer ces objets au dehors que le soir, lorsque la journée est près de finir, et que la nuit, le plus puissant auxiliaire de l'apiculteur au point de vue du pillage, est proche.

CHAPITRE IX

CONCLUSION

MÉTHODE SUIVIE PAR L'AUTEUR

303. — Nous avons exposé dans les huit premiers chapitres de ce volume toutes les connaissances théoriques nécessaires pour la culture
raisonnée des mouches à miel ; nous avons décrit
avec détail toutes les opérations pratiques que
l'on peut avoir à exécuter, et nous avons ensei-
gné les diverses méthodes que l'on peut suivre,
sans toutefois recommander aucune de ces méthodes d'une façon exclusive, car mille raisons
particulières peuvent influer sur la détermination
de l'apiculteur à cet égard. Il nous paraît bon,
en terminant, d'indiquer la méthode que nous
suivons nous-même, non pour la préconiser
comme la meilleure, mais pour aider le lecteur à
juger, par comparaison, de ce qu'il peut lui-

même faire, d'après les circonstances dans lesquelles il est placé.

304. Le domaine de nos abeilles. — Dans un
rayon de quinze cents à deux mille mètres
autour de nous se trouvent : à proximité du
rucher, de nombreux jardins renfermant des
arbres fruitiers, et quelques avenues plantées d'a-
cacias et de tilleuls ; plus loin, quelques rares parcelles de terrains cultivées en sainfoin ou en
luzerne, éparses au milieu de cultures potagères, et
au delà, de vastes prairies naturelles maréca-
geuses, des vignes et des terres consacrées aux
céréales. Tel est le milieu ou vivent nos abeilles.

L'essaimage naturel y a lieu du quinze mai au
quinze juin ; mais les essaims, naturels ou artificiels, primaires ou secondaires, postérieurs au 6
ou 7 juin réussissent rarement, à moins qu'ils ne
soient très-forts et la saison très-favorable, attendu
que les sainfoins sont coupés vers cette date.

Ainsi la station n'est pas des plus avantageuses
et, par suite, notre récolte n'est pas très-abondante.

305. Notre ruche. — Nous employons exclu-
sivement des ruches en paille, de forme cylindrique, de trente-trois à trente-quatre centimètres
de diamètre et de hauteur, dont le dôme, presque
plat, est percé d'une ouverture circulaire de
neuf centimètres de largeur , laquelle se ferme

12*.

au moyen d'un disque de bois. Cette ouverture nous permet de nourrir les abeilles par la partie supérieure de la ruche à la fin de l'hiver, si les circonstances l'exigent, et de calotter les ruches à l'approche de la saison de la miellée.

Chacune de nos colonies porte, sur une petite plaque de bois attachée à la ruche, un numéro distinct qui sert à la désigner, et nous tenons registre exact de tout ce qui se passe d'intéressant au rucher.

306. Notre système d'exploitation. — Au commencement de mai, les réunions dont notre visite générale en avril nous a fait reconnaître la nécessité sont faites depuis plusieurs semaines, et notre rucher comprend : 1° un certain nombre de colonies fortes en population et bien approvisionnées; 2° des colonies bien peuplées et dont l'approvisionnement est médiocre; et 3° des colonies médiocres sous le rapport de la population, quel que soit d'ailleurs l'état de leurs provisions.

Dès le commencement de la miellée, nous extrayons des essaims artificiels d'un certain nombre de nos colonies de la première catégorie et nous employons à l'égard de leurs souches le procédé du *double remplacement,* qui consiste à mettre l'essaim à la place de la souche, la souche à la place d'une ruchée forte et cette dernière à une place vacante, dans le but de tirer de la souche un bon essaim secondaire dans la seconde quinzaine de mai.

Nous faisons, quelques jours après, largement usage de la *permutation* (voyez ce mot) à l'égard des autres ruchées, afin que toutes nos colonies aient une bonne population, et nous posons des hausses et des calottes sur les plus fortes d'entre elles, pour retarder l'essaimage naturel jusque vers la fin de mai.

Nous tirons artificiellement, du 25 au 30 mai, des essaims primaires de toutes les ruches qui sont susceptibles d'en fournir, et employons alors le procédé du *remplacement simple,* qui consiste à mettre l'essaim à la place de la souche et celle-ci simplement à une place vacante.

Nous faisons la récolte entière des souches vingt et un jours après l'extraction de l'essaim primaire; nous réunissons quelques trévas aux colonies faibles après avoir enlevé à celles-ci leurs mères, si elles sont âgées ou peu productives, et nous doublons tous les autres.

Enfin, dans la deuxième quinzaine de juillet, nous transportons quelquefois nos colonies médiocres à la bruyère, à une vingtaine de kilomètres de notre station.

Notre rucher se compose d'une trentaine de

colonies et nous en tirons en moyenne, chaque
année, de quatre-vingts à cent kilogrammes de
miel et de sept à huit kilogrammes de cire.

FACILITÉ ET AVANTAGES DE LA CULTURE DES ABEILLES

307. — Les plus longues opérations qu'on ait
à exécuter sur les ruches sont les extractions
d'essaims artificiels par le tapotement, qui exigent de vingt à vingt-cinq minutes et les transva-
sements par le tapotement lorsqu'on fait la récolte entière, qui exigent de trente à trente-cinq
minutes; mais on peut économiser beaucoup de
temps en faisant plusieurs trévasements à la fois,
comme nous l'avons indiqué. D'où l'on voit que,
en échelonnant les opérations, le journalier même
qui a le moins de loisir peut aisément, sans négliger son travail habituel, diriger d'une manière
rationnelle, et à lui seul, une trentaine de ruches,
et en tirer, bon an mal an, une centaine de kilogrammes de miel, sans compter la cire.

LÉGISLATION ET RÈGLEMENTS SUR LES ABEILLES

308. — La loi du 28 septembre 1791 est la base
de la jurisprudence qui régit les abeilles. Elle
porte les dispositions suivantes :

« Le propriétaire d'un essaim a le droit de le réclamer et de s'en saisir tant qu'il n'a pas cessé de le suivre; autrement l'essaim appartient au propriétaire du terrain sur lequel il s'est fixé.

« Les ruches ne peuvent être ni saisies ni vendues pour contributions publiques, ni pour aucune cause de dette, si ce n'est au profit de la personne qui aura fourni les dites ruches, ou pour l'acquittement de la créance du propriétaire envers son fermier...

« Pour aucune raison il ne sera permis de troubler les abeilles dans leurs courses et travaux. En conséquence, même en cas de saisie légitime, une ruche ne pourra être déplacée que dans les mois de décembre, janvier et février. »

309. — L'art. 524 du Code civil déclare « immeubles par destination les ruches à miel quand elles ont été placées par le propriétaire pour le service et l'exploitation du fonds. »

310. — La culture des abeilles, comme celle de tous les autres animaux, n'est soumise à aucune restriction; on peut donc en posséder et en réunir sur son terrain une aussi grande quantité qu'on voudra. Tout le monde sait aujourd'hui que ces insectes ne portent aucun préjudice aux fruits et qu'ils aident puissamment, au contraire, à la fructification des plantes. D'autre part, les

accidents causés par les abeilles, et que l'on peut
toujours éviter, sont beaucoup plus rares et beaucoup moins graves que ceux qui sont causés par
d'autres animaux domestiques, tels que les chiens,
les chevaux, les bêtes à cornes, et l'expérience
journalière prouve que le voisinage d'un rucher
ne présente rien de dangereux. Néanmoins l'autorité municipale peut faire des règlements déter-
minant les conditions à remplir par les apiculteurs et auxquels ceux-ci doivent se conformer.
Il est, d'ailleurs, entendu que si ces règlements
municipaux étaient arbitraires et de nature à
empêcher la culture des abeilles sur un point ou
elle peut être pratiquée sans inconvénient et
sans danger, on pourrait les attaquer devant le
préfet, puis devant le Conseil d'État.

CONSEILS AUX APICULTEURS COMMENÇANTS

311. — Avant de se procurer des abeilles, il
importe de s'informer si le lieu qu'on habite est
plus ou moins favorable, ou tout à fait impropre
à leur culture. Si la campagne n'offre pas de plantes
mellifères, comme cela a lieu dans les cantons
où l'on ne rencontre que des vignes, des céréales,
des plantations de betteraves, etc., les abeilles,
ne trouvant pas de vivres, périront nécessaire-

ment; elle prospèreront, au contraire, d'une
façon remarquable dans les localités où les arbres
à fruits sont multipliés et où l'on fait des prairies
artificielles, ou bien, où abondent les bruyères et
le sarrasin, ou les bois, les châtaigniers, les arbres verts. Entre ces extrêmes, il y a bien des inter-
médiaires, en ce sens qu'il y a beaucoup de stations où l'on peut avoir des ruches avec profit
sans que la campagne réunisse toutes les conditions les plus avantageuses pour la prospérité
des abeilles.

Ajoutons que les abeilles doivent pouvoir se
procurer aisément de l'eau, dont elles emploient
une assez grande quantité pour préparer la
bouillie qu'elles donnent en nourriture au couvain.

312. — Il convient de ne commencer que par
un très-petit nombre de ruches, trois ou quatre
au plus, en forme de cloche, acquises d'une personne de confiance, et *très-bonnes*, dût-on les
payer un peu plus cher. Ces trois ou quatre colonies
suffiront à l'apiculteur novice pour acquérir, dès
la première année, beaucoup d'expérience sans
beaucoup de frais et sans beaucoup de fatigue ;
ce n'est que plus tard qu'il adoptera la forme de
ruche et la méthode de culture qui lui sembleront
les meilleures.

On placera les ruches de manière qu'elles soient

abritées des grands vents, qui gênent les abeilles dans leurs travaux et qui renversent les ruches, ainsi que de la grande chaleur, qui ramollit les rayons et qui force les abeilles à se grouper jour et nuit, pendant l'été, hors de leurs habitations, sans travailler. On tournera les entrées de telle sorte qu'elles ne soient exposées ni aux vents froids ni à la pluie. On posera les plateaux sur trois ou quatre supports formés de briques placées à plat les unes sur les autres, afin qu'il y ait sous chaque plateau un espace vide de quinze à vingt centimètres de hauteur, où l'air puisse circuler librement; les plateaux devront être un peu inclinés en avant, particulièrement pour faciliter aux abeilles le transport au dehors des cadavres et des débris qu'elles rejettent. Puis, chaque colonie étant recouverte d'un bon surtout, le propriétaire viendra faire de temps en temps une visite à son petit rucher, pour constater le degré d'activité de ses mouches, pour se rendre compte de ce qui se passe dans ses ruches, soit d'après leur aspect extérieur, soit par un coup d'œil jeté dans leur intérieur, et consultera fréquemment son livre ou ses livres d'apiculture, pour se guider d'une manière certaine dans la pratique de l'art nouveau et attrayant qu'il a entrepris d'étudier.

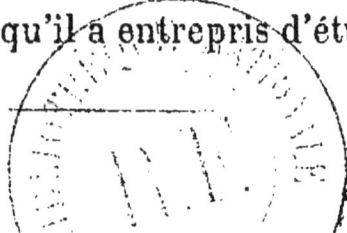

TABLE ALPHABÉTIQUE DES MATIÈRES

TABLE 209

TABLE 211

TABLE 213

FIN DE LA TABLE ALPHABÉTIQUE DES MATIÈRES

Bourges, typ. PIGELET et FILS et TARDY.